［英］刘国峰（John Lau） 著

毛琦 译

U0259127

国际时尚设计丛书·服装

时装设计元系：
配饰设计

中国纺织出版社

内 容 提 要

　　配饰作为人身体的延伸和扩展，是具有为人提供保护、隐藏或炫耀身体部位的功能并可拆除的配件。配饰是彰显穿戴者身份的、有影响力的符号。但是，在闲置不用时，配饰也必须能够自成一体，显示其无与伦比的存在，展露其独特的魅力。书中还描绘了当今配饰设计师的从业历程，这些昔日的传统专业工匠已成功转变为21世纪的时尚风格领导者。

原文书名：DESIGNING ACCESSORIES

原作者名：John Lau

本书中文简体版经 Bloomsbury Publishing PLC 授权，由中国纺织出版社独家出版发行。本书内容未经出版者书面许可，不得以任何方式或任何手段复制、转载或刊登。

著作权合同登记号：图字：01-2013-2054

图书在版编目(CIP)数据

　　时装设计元素：配饰设计 / (英)刘国峰著；毛琦译. --北京：中国纺织出版社，2017.1
　　(国际时尚设计丛书. 服装)
　　书名原文：Basics Fashion Design 09：Designing
Accessories
　　ISBN 978-7-5180-2442-1

　　Ⅰ.①时… Ⅱ.①刘… ②毛… Ⅲ.①服饰-设计
Ⅳ.①TS941.2

　　中国版本图书馆CIP数据核字（2016）第051977号

责任编辑：张 程　　　　　责任校对：王花妮
责任设计：何 建　　　　　责任印制：王艳丽

中国纺织出版社出版发行
地址：北京市朝阳区百子湾东里A407号楼　邮政编码：100124
销售电话：010—67004422　传真：010—87155801
http://www.c-textilep.com
E-mail:faxing@c-textilep.com
中国纺织出版社天猫旗舰店
官方微博http://weibo.com/2119887771
北京华联印刷有限公司印刷　各地新华书店经销
2017年1月第1版第1次印刷
开本：710×1000　1/16　印张：12
字数：170千字　定价：78.00元

凡购本书，如有缺页、倒页、脱页，由本社图书营销中心调换

配饰作为人身体的延伸和扩展，是具有为人提供保护、隐藏或炫耀身体部位的功能并可拆除的配件。配饰是彰显穿戴者身份的、有影响力的符号。但是，在闲置不用时，配饰也必须能够自成一体，显示其无与伦比的存在，展露其独特的魅力。书中还描绘了当今配饰设计师的从业历程，这些昔日的传统专业工匠已成功转变为当今21世纪的时尚风格领导者。

本书第一章介绍了箱包、鞋履、珠宝首饰和女帽的设计知识，解析了每一种配饰的各个组件，概括说明了各个组件之间相互连接的方式。其中探讨了每种配饰的历史，包括相关物件的起源，以及对该配饰目前形态的形成产生重大影响的动态和事件。

第二章完整介绍了配饰设计的流程，涵盖从理念和创意想法的产生到将理念和创意融入产品。这一流程的最初阶段是产品设计资料研究。研究是设计者需要掌握的一项基本技能，设计师以此积累和储备相关知识。这项技能也是支撑强大设计理念和创造性设计解决方案的基础。

第三章介绍了本书中的每个关键配饰所需要使用的不同设备，我们借此了解本行业设计师使用的基本工具，并探讨了二维和三维制作技术。

第四章介绍了天然及合成材料的特性，探讨从这些材料中优选出来的各类常用材料的性能，并提供最具创造性的设计解决方案，以应对可能会面临的技术挑战。只要具备这方面的知识，设计师就掌握了无穷无尽的资源，可以创造出无穷无尽的产品。

第五章介绍了传统与现代的表面加工工艺及使用手工和机械进行表面加工的技术。在配饰设计中使用的精湛工艺技巧，令本学科与其他行业相比显得与众不同。传统的手工表面加工技术工艺赋予每件配饰独特的特点，而使用机械进行表面加工可以使设计师在配饰装饰技术上取得新的突破。

第六章重点介绍了眼镜、围巾、腰带和手套等。这些配饰往往被视为设计师系列作品的重要组成部分。眼镜不仅满足医学上矫正视力的需要，同时还带来时尚感；围巾用料种类和设计风格多样，一年四季都可佩戴；腰带则承载了演示功能的额外的设计理念；手套在现代衣柜中同时扮演着具有功能性和审美意义的双重角色。

本书还包含了众多具有较高国际知名度的设计师在接受访谈时披露的想法和其他内容。这些设计师透露了他们的设计过程和背后的设计思维及理念，提供了他们关于配饰创意灵感的独到见解。您可以尽情浏览书中的美文美图——在这个成长中的、令人兴奋的、有影响力的行业中探索个人职业生涯的成功！

这个模板完整显示了每个设计师如何
完成自己的配饰创意设计制作的全过
程。这一过程的初始阶段是配饰产品
资料研究，涵盖从概念研究到消费者
需求研究等环节。

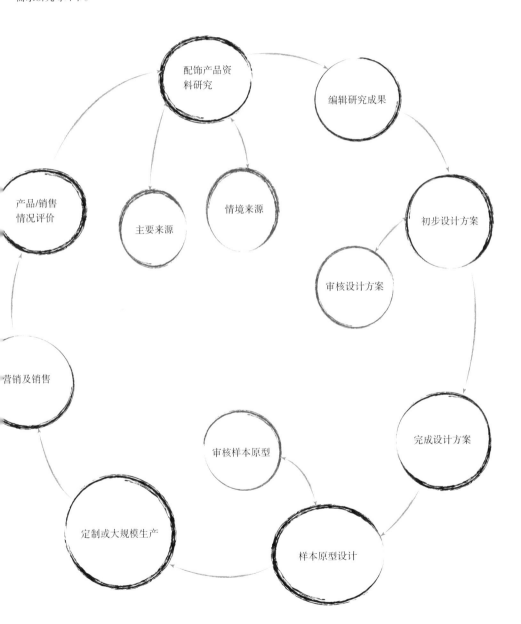

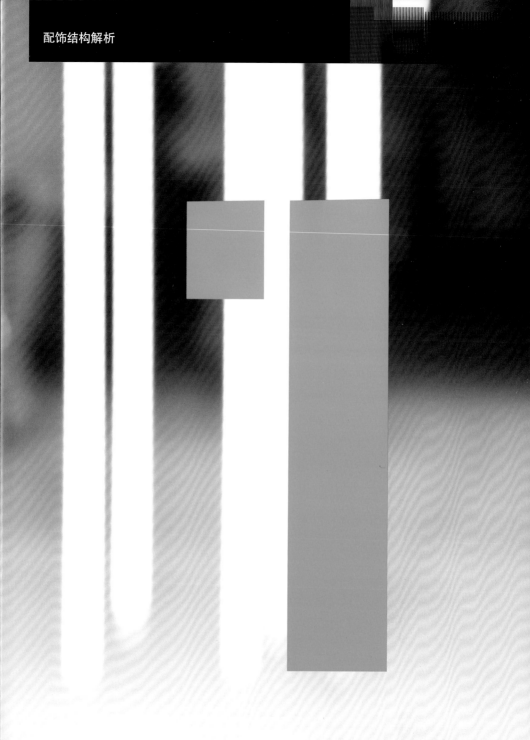

莎拉·博顿（Sarah Burton）为亚历
山大·麦昆（Alexander McQueen）
设计制作的优雅头饰，其中的网状
透孔织物与T台上制作精良的女装相
互呼应，相得益彰。

配饰是穿戴在人身上或由人携带、却又完全独立的物品。这类物品功能强大，被视为人类身体的延伸，种类成千上万。但总的来说，配饰有四种主要类型，包括箱包、鞋履、珠宝首饰和女帽。

千百年来，工匠、设计师、艺术家和制造商凭借他们拥有的、历经千锤百炼的本行业的专业知识和技能，开发设计出日益复杂精妙的配饰。发明配饰的目的，毫无疑问是要维持生活，或者为生活提供便利。箱包的发明，使人们可以将食物从一个地方运送到另一个地方；而鞋履的发明，使人类的脚部得到包裹和保护，人们因此能够经受变幻莫测的工作环境的考验。不仅如此，配饰还彰显出使用者高贵典雅的风范。装饰华丽的帽子用来突显佩戴者的社会地位，珠宝首饰则往往用来展示佩戴者所拥有的财富。

今天，通过使用配饰维持生活需求和展示高贵地位的愿望，继续推动配饰产品成为市场的宠儿。因此，配饰设计也必须在满足实际生活需求与符合审美考量之间寻找平衡：配饰日益成为重要的时尚单品及时尚理念演示的载体，承载着双重功能，其吸引力同时影响着配饰的使用者和观赏者。

如今的配饰设计师已经从最初的手工艺制作者转变为21世纪时尚风格的领导者。现在，对工作在时尚前沿的配饰设计师而言，至关重要的是，必须对那些代表着当今配饰款式风格最初来源的主要产品有清晰的了解。本章着眼于每个配饰类别中的关键样式，并逐一详细介绍其中的核心组件。

箱包分为三类：夹层包（The Framed Bag）、大容量软包（The Inset Bag）和无逢包（The Turned Bag）。在鞋履中，介绍了时尚鞋和运动鞋之间的细微差异。关于首饰，着重介绍了项链、胸针和戒指的复杂组件。最后介绍了有檐帽和无檐帽，因为所有的女帽风格款型都源于有檐帽和无檐帽的样式。

本章的概述旨在增进您对时尚行业的了解，为您提供成功制作美丽配饰所需要的知识。

1. 20世纪60年代英国模特兼演员简·诗琳普顿（Jean Shrimpton）。她佩戴着用小珠子和亚宝石精心制作的、具有部落风格的项链及与之匹配的耳环和手镯。

尽管在历史上，箱包主要是由男性使用的配饰，但是，时至今日，箱包已经演变成为妇女必须配备的关键配饰，其内涵已超越了早期箱包设计所着力满足的庸常功能的范围。箱包，尤其是手包，已同时成为富有和权力的有力象征。大多数箱包的基本组成部分是皮革或织物，这些皮革或织物与附加的其他硬件或组件缝纫在一起，使箱包拥有相应的承载物品的功能。箱包的设计也越来越复杂。由于市场竞争激烈，设计师需要努力将自己的作品与其他设计者的作品区分开来，因此，目前在箱包制作中使用的组件和标识的种类也比以往任何时候更多。

2. 迪奥（Dior）2007/2008秋/冬系列作品。约翰·加利亚诺（John Galliano）从结形装饰中获得灵感，在制作坚实的鳄鱼皮夹层包的过程中应用了大胆的技术。

箱包制作的历史沿革

箱包的基本设计功能是携带物品。在20世纪之前，箱包仅仅被用来随身携带必备物品，或展示财富。女性在去别人家作客或在社交场合携带的手包，在其中放置针线活及其他小件物品，如名片和小瓶香水等。此外，妇女们还精心制作小绣袋，因为制作美丽的手工制品是当时妇女家庭生活的重要内容。然而，随着时间的推移，针线活逐渐失宠，这种传统手工制品很快被其他物品取而代之。

20世纪初，时尚风格发生显著改变，大众追捧突显身材苗条廓型的服装。这引发了一个难题：以前可以轻易放置于袖子和口袋里的物件，现在要放在哪里？第二次世界大战期间，手包成为女性衣柜里的主要配饰，起因是妇女们在劳动力大军中占据了之前由男性占据的地位——男人们已经被派往战场。

如今，手包和箱包的尺寸进一步增大，因为现代妇女必须每天携带一大堆随身物品，例如笔记本电脑、手机、化妆品、记事本和其他个人物品等。这些女性需要随身携带的、必要的、数量种类繁多的物品，催生了箱包的种种子类型和样式，因为这些子类型和样式可以分门别类地放置不同的具体物件。根据需要携带的具体物品类型的不同，箱包可以细分为不同的子类型。由于每天使用箱包的男性人数持续下降，在20世纪，为男士设计的箱包样式始终很少得到更新，而中性化的运动包、背包、斜挎包样式现在已经是随处可见。本章着重探讨和介绍作为多数箱包风格渊源的三个关键款式：夹层包、（可调式）按键包和无缝包。

夹层包

　　有些箱包的设计目的是便于使用者携带，或为使用者提供协助，例如医生的提包，或"夹层包"。这些夹层包以其使用者特定工作职责的名称来命名。夹层包可以借助于框架来承受所承载物体的重量，以保证包内物品的安全。夹层包的设计、风格和模型通常比较复杂，因为需要设计师使用硬质组件，满足硬质结构的限制性要求。夹层包需要使用强力硬质组件，要求硬质组件足以承载夹层包内部物品的重量，保证夹层包内部空间的尺寸与其承载的物品相匹配，同时保证扣件和接头结实牢固。通过保持既定的模型，夹层包可以最终满足承载较重负荷的使用要求。但是，相对于其他款式的箱包而言，由于其刚性的结构设计，夹层包显得灵活性较小。

3. 阿诺尔多][巴特斯（Arnoldo][Battios）设计的一款夹层包，展示了完成夹层包制作所需的关键部件。

4. 吉尔·桑德（Jil Sander）作品的时髦外观设计，其灵感来自于2012春/夏发布的现代款式夹层包中展示的20世纪50年代的复古风格。

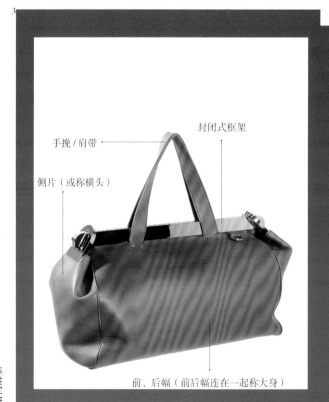

3

手挽/肩带

封闭式框架

侧片（或称横头）

前、后幅（前后幅连在一起称大身）

解析夹层包的结构

前、后幅/大身

通常由硬帆布或硬质材料支撑的大块织物或皮革，以保持包的造型。

侧片/横头

包袋左右两侧的材料。小心扩大侧片边缘部分可以使包体增大，轻轻向内折叠侧片边缘部分可以使包体缩小。

封闭式框架

夹层包的主要固体框架硬件，使用金属或其他硬质材料制作，并可用钩扣和锁扣牢固闭合。

手挽/肩带

包袋用手提或肩背的部件，长度不同，方便挎在手臂上或用手握持，或背在肩上。

衬料（内置）

用耐磨材料制作，以保护包的内部，是夹层包内部结构的组成部分。

大容量轻便软包

从19世纪40年代起，出行变得越来越轻松，这从根本上改变了箱包的设计理念。箱包变得越来越大，使人们可以随身携带越来越多的物品环游世界。质地较软的箱包使箱包内部获得了更多灵活的空间，并且设计目的也倾向于方便使用。此后，大容量轻便软包成为一个非常受欢迎的箱包款式，其内部空间灵活、可扩展，极其契合现代女性的生活方式。大容量轻便软包的外观可以通过包的前、后幅、侧片和底部切割而塑造成形。

5. 古奇（Gucci）使用鲜艳的珠宝色皮革来制作轻便样式的手包，这些手包的灵感来源于20世纪40年代。

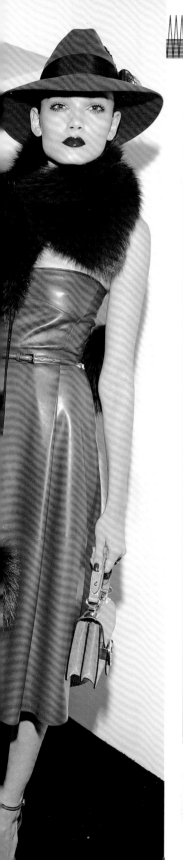

解析大容量轻便软包的结构

前、后幅/大身

大块织物或皮革，可使用硬质帆布支撑，以保持包的造型。也可使用软质地的支撑物，使包的造型因此变得灵活。

侧片/横头

包袋两侧的材料。小心扩大侧片边缘部分可以使包体增大，而轻轻向内折叠侧片边缘部分则可以使包体缩小。

包底

镶嵌包的包底部是起决定性作用的部分，其决定大容量包的基础结构和稳定性。

手挽

耐磨的硬质手挽，拷在手臂上或由使用者用手握持。

扣环

这些扣环连接到手挽带扣上，起加固和稳定作用。

口袋（内置）

这些口袋可以设置在包的内侧和外侧，尺寸各异，通常用途是将物品分隔开来。

手挽/肩带

扣环

侧片/横头

前、后幅/大身

包底

6. 一只规整的镶嵌式风格芬迪（Fendi）手包，包盖上有复杂的部落风格纹样，展示了这个包在制作过程中所需的关键部件。

无缝包

翻包被视为最初的箱包样式之一。这一样式简单的手包是在手提袋款式的基础上设计制作的。手提袋在18和19世纪替代了口袋的功能。手提袋通常是用丝绸和网状织物、串珠或锦缎制成的小口袋，袋口有粗绳，拉紧粗绳就可以保护袋中的物品。在最基本的无缝包样式中，人们将前、后幅缝纫在一起，将口袋从内侧翻出，从而隐藏接缝。无缝包是最为常见的多用途包，肩带可长可短，包体也可与手挽连接。

7. 保罗·史密斯（Paul Smith）2012春/夏系列中的一只皮革无缝包。图片展示了完成无缝包制作所需的关键部件。

8. 宝缇嘉（Bottega Veneta）2011秋/冬系列中的一只毛皮和皮革无缝包。

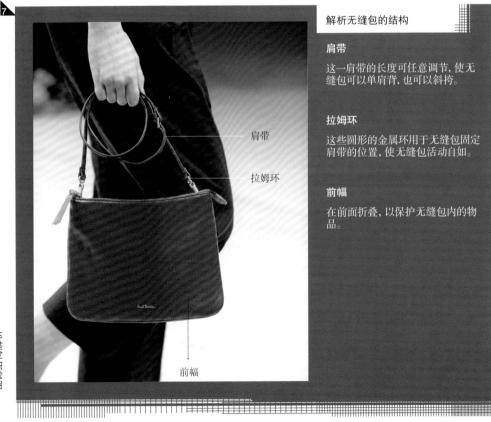

肩带

拉姆环

前幅

解析无缝包的结构

肩带

这一肩带的长度可任意调节，使无缝包可以单肩背，也可以斜挎。

拉姆环

这些圆形的金属环用于无缝包固定肩带的位置，使无缝包活动自如。

前幅

在前面折叠，以保护无缝包内的物品。

配饰结构解析

到了近代，像以前一样，鞋履微妙地泄露出穿鞋者的身份秘密。但是，与时尚行业的其他方面相比，从日常穿着的鞋子，到保护穿着者免受自然力量损伤的靴子，再到使用所有最新技术制作的运动鞋，鞋履的基本结构改变相对较小。

鞋子基本上有三个主要组成部分：鞋面、鞋底和鞋跟。皮革或织物分层缝纫接合，在鞋底和鞋跟之上塑造一个成型的模型，以适应脚的大小。

9. 亚历山大·麦昆于2008春/夏发布的装饰鞋，对雕刻平台式鞋履底部的造型进行了戏剧性的裁切。

10. 罗达特（Rodarte）设计的这款鞋的灵感来自于中国的青花瓷器：沉重的坡跟鞋创意灵感源自仿古木雕的启发。

鞋业的发展

今天的制鞋商已经从先前的手工艺制作者和鞋匠转变为从事鞋履设计制造科学、技术和工程学研究的设计师。一些早期的鞋业行会［如英国伦敦皮匠协会（Worshipful Company of Cordwainers）］，今天仍然在时尚和制鞋行业培养和擢升青年人才。

对鞋的设计历史产生影响的非常重要的灵感来源正是历史本身。在鞋履设计中使用的实际构型变化相对较小（组件尺寸被夸大的情况除外）。

历史上，鞋履在划分阶层和文化类型方面发挥了重要作用。例如，中世纪的欧洲对鞋的高度和鞋的装饰进行限制，中国古代女性穿着适合妇女小脚的小鞋。这种限制对社会结构产生了显著的影响，尽管在今天看来，其影响方式在某种程度上不太引人注目，对社会结构造成的实际后果的频率也不太高（如人口的流动性从根本上受到鞋履款式改变的影响，因为较高阶层的妇女所穿着的鞋，往往会给她们的工作甚至行走造成困难）。

虽然时尚在鞋履设计工程领域发挥了重要作用，但鞋履的实用性和舒适性也是非常重要的考量因素。鞋履设计的实用性是现代鞋履使用者的关键需求。绝大多数鞋履是为满足专门需求而设计的。然而，设计师们不断超越设计理念的极限，他们在自己的设计作品中纳入了个人的风格和独特的装饰物，使鞋履在跑道上或在大街上也变得引人关注。

"鞋履造就女人。"莫诺罗·博拉尼克（Manolo Blahnik）如是说。

箱包＞鞋履＞珠宝首饰

正装鞋

在本节中，我们剖析正装鞋的结构，以便清楚地了解构成正装鞋的各个组件，同时采用浅显易懂的方式说明各个组件是如何相互连接的。

11. 布洛克式的男士正装鞋。

后跟条
覆盖鞋帮后缝外部起加固作用的条带，通常质地很硬，抗压耐磨。

鞋后帮
脚踝下方覆盖鞋后跟侧面帮面的部分。

鞋帮口
鞋开口的边缘。

鞋舌
设置鞋舌的目的穿着者提供舒适感受。

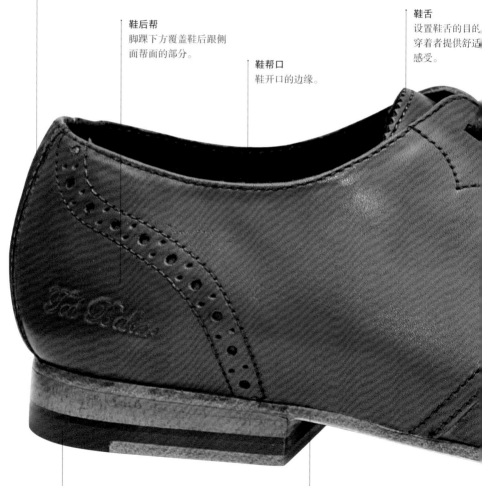

鞋跟
可以使用木头、橡胶或塑料等牢固材料制作低跟。

鞋腰档
制作成指定形状的部分，为足底部提供支撑。

男士正装鞋

男士正装鞋可以拥有非常复杂的结构，其中包括许多组件。通常会在这些组件上打孔，或将皮革鞋面边缘制作成锯齿状，以起到点缀和装饰的作用。这类鞋被称为"布洛克式男鞋"，其样式源于16世纪的苏格兰和爱尔兰。这些现在看来具有装饰性的雕花小孔，一度具有让鞋里的潮气散发出去的功能。

正装鞋有许多不同风格，包括全布洛克式（翼尖型）、长翼型布洛克式、半布洛克式和四分之一布洛克式男鞋。这些男鞋样式又反过来激发了女鞋设计的灵感。曾经被认为是户外鞋样式的布洛克式鞋，现在已成为所有社交和商务活动场合中的常见款式。

一 **鞋带**
鞋带用于使鞋面中心的前部保持关闭状态，起到固定鞋子的作用。

鞋帮面
一块覆盖至鞋侧面的鞋面皮革。

鞋包头
这部分的材质硬度必须很高，以对鞋起到保护作用。

鞋头
鞋的样式由这部分的造型决定。

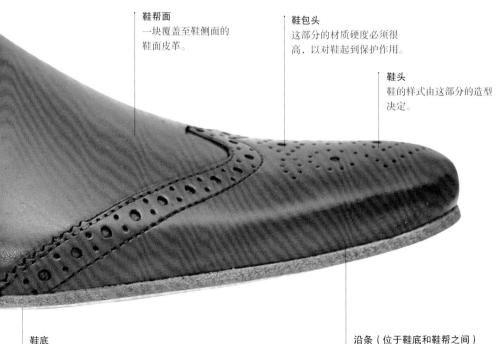

鞋底
鞋底部的支持性组件。

沿条（位于鞋底和鞋帮之间）
鞋帮和鞋底的接合处。

女式正装鞋

女式船型高跟鞋往往款式不太复杂，使用的组件也较少。选用一块皮革就可以精心设计和塑造一只船型高跟鞋。相对于男鞋设计而言，女鞋设计的主要区别在于，设计师在鞋跟造型和尺寸方面寻求变化。

鞋跟的高度可以任意选择。从设计角度看，就鞋跟的高度而言，唯一的限制因素是必须将其限制在能保证穿用者的安全，并为穿用者带来舒适感受的范围内。将鞋跟造型（如厚跟、坡跟、猫跟、锥形跟或方柱跟等）与鞋外观设计相互叠加，可以设计制作出无穷无尽的鞋履样式。

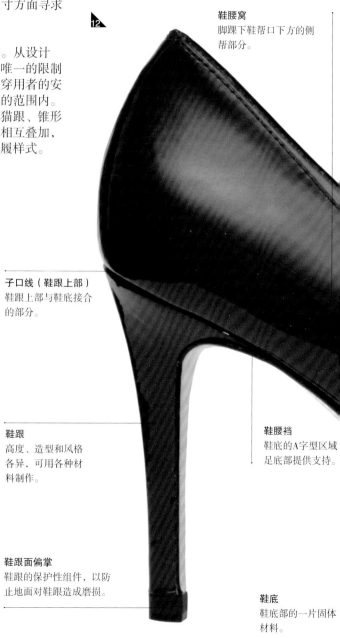

鞋腰窝
脚踝下鞋帮口下方的侧帮部分。

子口线（鞋跟上部）
鞋跟上部与鞋底接合的部分。

鞋跟
高度、造型和风格各异，可用各种材料制作。

鞋腰裆
鞋底的A字型区域足底部提供支持。

鞋跟面偏掌
鞋跟的保护性组件，以防止地面对鞋跟造成磨损。

鞋底
鞋底部的一片固体材料。

12. 高跟漆皮女鞋。

> "我不知道是谁发明了高跟鞋，但是，所有女人都应该因此而对发明者感激不尽！"
>
> 玛丽莲·梦露（Marilyn Monroe）

鞋帮口
鞋帮上口的边缘。

鞋帮
鞋的侧翼部分。

鞋帮口门
鞋帮口部分的前部。

鞋脸（鞋头）
这部分的材质必须牢固，以保护脚趾不受伤害。

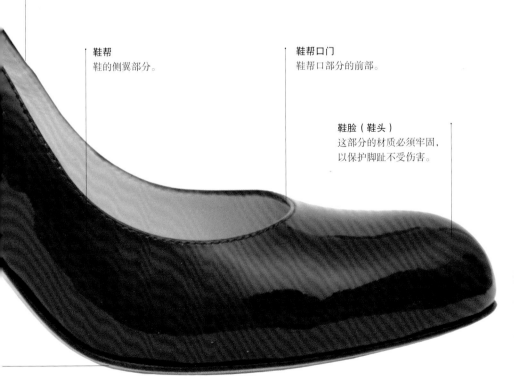

靴子

　　靴子是专为保暖和从事重负荷劳动而设计制作的鞋类。因为数百年来持续在旅行中使用，马靴已经成为鞋履行业设计制作历史上的一个重要标志。人们为特定的工作岗位设计制作了特殊用途的靴子，例如配有金属鞋头的军靴和为从事园艺工作制作的、造型简单的橡胶长筒靴。

　　在19世纪，女性在夏季和冬季都穿靴子。这类靴子一般是用衬有花边的优质材料或小牛皮制作而成，并最终成为人们为寒冷天气专门准备的鞋履。

　　到了20世纪，靴子逐渐成为时尚配饰。20世纪60年代，随着裙长的缩短（有例证明，当时有的裙长已经短至大腿的位置），靴子的使用得到大范围普及。在这一时期，推动制靴用材料实验取得进步的主要因素是，技术创新以及由此带来的其他制靴材料的开发应用，新材料成为现有制靴材料皮革的补充，橡胶、塑料等合成材料变得越来越流行。

13. 2011秋/冬系列中，莎拉·博顿为亚历山大·麦昆制作的系带靴。

靴子的不同类型

　　骑兵靴、切尔西靴、战斗靴、库雷热靴（Courrèges）、牛仔靴、沙漠靴、中高跟长筒女靴、毡靴、远足靴、用裘皮作衬里的长筒靴、皮靴、马靴、滑雪靴、雪地靴、步行靴、惠灵顿靴和工人靴。

14. 拉拉·博尼克（Lara Bohinc）
制作的高跟皮靴。

14

靴筒上口
靴筒上部开口的边缘。

靴筒面
覆盖靴筒及靴
侧帮的保护面
皮革。

靴后主跟
这一耐磨区域覆盖
了靴子的后跟部。

靴后帮
脚踝下方的侧面
帮面部分。

靴跟
使用各种坚固的材料
（如木材、塑料和金
属）制作。

鞋腰裆
靴底的A字型区域，为
足底部分提供支持。

运动鞋

据说，19世纪英国已经开始设计制作橡胶底鞋，穿用这种橡胶底鞋的警察可以在盗贼毫无察觉的情况下悄悄靠近盗贼——尽管这最初的用途实在很平常，但如今，运动鞋已经在世界范围内得到广泛使用！早期的运动鞋使用制造其他产品遗留下来的过剩橡胶作为原料。今天，运动鞋已经超越了人们的文化、年龄、性别和个性，成为全球均认可的配饰。尽管运动员最先注意到使用运动鞋带来的好处——他们可以跑得更快或跳得更高，但这一配饰给现代文化带来的影响力，实际上远远超出了这一范畴。

从国际运动服饰品牌到跑道上的时装设计师，业内通常使用橡胶、塑料和合成纤维作为制作鞋履的原材料，而这些材料如今已经完全进入了主流原料的行列。

15. 一只典型的运动鞋，展现出复杂的设计样式，并包含了采用先进技术设计制作的组件。

鞋舌
为穿着者提供支撑，也是企业通常集中用于进行品牌宣传的部分。

护踝领口(脚踝部)
用以支持脚踝部位，所用材料必须紧固。

鞋侧帮
运动鞋的组成部分，通常是企业用于集中进行品牌宣传的另一个部分。

鞋跟
从设计制作角度看，这是运动鞋中得到重视和缓冲保护最多的部分，目的是带给使用者舒适的穿着感受。

中底（鞋底夹层）
处于鞋内底和外底之间的部件，是彰显技术进步的重要部分。

运动鞋设计制作的沿革

设计图案和色彩的组合，为设计师拓展鞋履样式带来巨大的可能性。过去的一个世纪以来，运动鞋的设计制作技术突飞猛进。运动员从最初穿用传统的简单帆布鞋到此后穿用橡胶底运动鞋，见证了运动鞋设计制作历史上的一个巨大飞跃。经典运动鞋采用简单的设计图案和结构，设计师从已有的鞋类中寻找视觉设计线索。现代运动鞋的灵感线索涉及许多方面的元素，如颜色、款式线条、材料，甚至是运动界名人等。如今，鞋业公司仍在不断发布多系列的色彩设计造型。

职业体育用品通常必须经受高磨损的考验，因此设计过程中还须考虑最终用户的需求。由于业界不断研发成功更优质的合成材料，技术进步也在不断推动运动鞋设计水平的提升。通过利用机械潜能（如注射模塑法），生产方法也不断得到改善。运动鞋主要有四种类型：低帮鞋（鞋帮不盖住脚踝）、高帮鞋（鞋帮盖住脚踝）、中帮鞋（鞋帮高度介于低帮鞋和高帮鞋之间）以及运动鞋靴（通常鞋帮高度一直延伸到小腿处）。今天，运动鞋已经成为一种时尚物品，可以通过协调鞋履设计元素，来达成满足穿用者实际需求的目的。

内包头
这一区域需要通风良好，以避免鞋内积聚热量，使穿着者在穿用时能够保持凉爽。

鞋外底
鞋底必须采用耐磨并适合于特定运动的橡胶。

常用术语

运动鞋是在全球范围内公认的主要配饰，每种语言对运动鞋都有独特的称谓。如今普遍使用的称谓有：田径鞋、篮球鞋、体操鞋、漫步鞋、越野鞋、跑步鞋、胶底轻便运动鞋、网球鞋、棒球鞋和训练鞋等。

前掌
运动鞋下部前面的专用槽，其设计目的是使其紧贴鞋的表面。

珠宝首饰

珠宝首饰包括很多具有装饰性和功能性的配饰，在规格和功能上千差万别。这类配饰的灵活性使其充满活力。尽管有些珠宝首饰在许多场合都通用，但是，仍有一些是用于专门目的的特殊类型的首饰。虽然珠宝首饰设计领域的发展态势随着商业需求的改变而不断变化，但珠宝首饰的基本制作和分层以及链索组件连接工艺基本不变。即使有自动化的生产方式，珠宝首饰的设计制作仍然是一个需要实际动手操作的、漫长的过程。

珠宝首饰设计制作的沿革

迄今发现的最早的珠宝首饰在现在的伊朗、伊拉克、叙利亚和土耳其边境地区出土，其设计制作的年代可以追溯到约公元前20000年。早期的珠宝首饰制作所使用的材料是贝壳、兽骨、象牙和木材，这些材料可能是完成其他更有价值的产品制作后遗留下来的剩余物料。

珠宝首饰设计制作工艺最显著的改变发生在5世纪。当时，希腊人扩大了用于制作珠宝首饰的原材料的范围，开始使用贵重金属和宝石材料。此后，不同类型的珠宝首饰层出不穷，各领风骚，其中包括吊坠、手链、戒指和胸针。与此同时，较远地区——尤其是中国——设计师在珠宝首饰设计制作过程中使用玉石，风格独树一帜，无与伦比。

金、银、宝石在珠宝首饰设计制作中的普及，使这三类材料成为珠宝设计制作材料中的中流砥柱，至今仍然如此。早期珠宝首饰的复杂设计图案（如雕刻和切磨）。

最终让位于越来越大的宝石。采掘技术的日新月异也使得挖掘这些宝石变得越来越容易。

当今，有诸多世界名钻，其中包括

"希望之钻"，也称"法国之蓝"或"宝石之王"。迄今为止发现的最大的天然钻石原石，采用天然钻石制作的最大的抛光宝石是"库里南1号"或"非洲之星"。"非洲之星"钻石的尺寸超过了1985年在同一矿床中发现的"金色陛下"钻石。"非洲之星"与"金色陛下"分别是英王权杖和泰国皇家宫殿展览的所用皇室宝石之一。

随着电镀技术的发明，人们开始采用贵重金属电镀，电镀，如将黄金或白银镀在普通金属上制作出价格实惠的首饰，供大众使用。现在，人们使用各种类型的材料制作时尚珠宝首饰。香奈儿（Chanel）经常在珠宝设计制作中使用亚宝石。帕科·拉巴纳（Paco Rabanne）则为使用塑料制作珠宝首饰的方式得到认可打下了基础。采用比较便宜的材料可以制作出号型更大的时尚首饰，以更为激动人心的方式彰显个性。

现在，我们将探讨珠宝首饰设计领域的三个关键配饰——项链、戒指和胸针，以及构成这些结构复杂的配饰的主要组件。

16. 米歇尔・罗伊-赫尔德使用浓烈
的原色来装饰这款超大尺寸的埃及
式项链，突显出埃及法老佩戴首饰
的华贵风格。

项链

早期的人类很快就能够熟练地将一些基本物料串在一起。古埃及人利用他们的黄金和宝石矿山提供的丰富材料，很快就开始镶嵌宝石和编结链状饰品。手工艺者从宗教符号及其意义中获得灵感，创造性地设计复杂的金属雕刻图案。

今天，项链可以根据其的设计样式分类。有垂饰物的项链通常有吊坠或盒式饰物相连接，包含零部件的项链通常用链环连接在一起。项链的长度也各不相同——例如，与颈部粗细相吻合的颈链，而绳类项链则非常长，可以缠绕佩戴者颈部数圈，制造出同时佩戴多条项链的错觉。

17. 当代珠宝首饰设计师斯科特·威尔逊设计制作的一款带有几个环形饰物的厚重项链。

18. 巴黎世家（Balenciaga）（2008秋/冬）发布的一款多彩宝石项链，使用了融入现代抽象风格的天然材料。

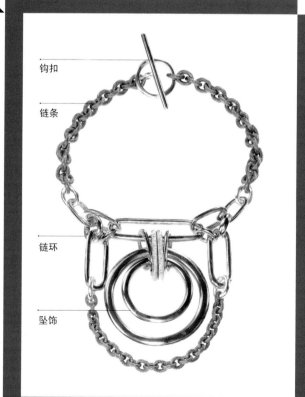

钩扣

链条

链环

坠饰

项链结构解析

链条
佩戴于颈部的功能组件，固定并串联其他组件，如吊坠、金属小盒或装饰链环。

钩扣
允许佩戴者打开和关闭项链扣结的功能性部件。

链环
可以被用作装饰性部件或纯粹的功能性部件，以便根据设计方案将链条或其他部件（如坠饰）连接在一起。

坠饰
与项链主体部分相连接的、大小不等的坠饰或小盒。

戒指

戒指可能是通常公认的最具有个人意味的首饰之一。可以说最具象征意义的戒指是展示性订婚戒指（Showcase Engagement Ring）。对许多前辈而言，展示性订婚戒指是一件极具象征性的首饰，代表一个男人和一个女人就共同进入神圣婚姻殿堂一事对彼此做出的承诺。出于同样的原因，婚戒成为对女性和男性而言另一个重要的、意义重大的符号。另外，礼服戒指通常大而笨重，并且往往设计成极具时尚个性的样式。虽然今天看来已是过时的概念，但在17世纪上半叶葬礼或纪念戒指曾经被广泛使用，以纪念逝者。

考虑到设计产品的尺寸和复杂性，尤其是诸如镶嵌宝石的底座等因素，戒指可能是制作工艺最复杂的珠宝首饰。

常用术语

戒指环

底托

戒指环
通常用金属制作的环，型号符合手指的大小。

底托
镶嵌物件（如钻石等）的部件。

19. 一款香奈儿2011秋/冬系列的指节套风格的戒指。
20. 一款镶嵌式现代钻石戒指。

胸针

第一枚胸针是在古老的扣针的基础上设计制作的。扣针将服装固定在一起，是最早见于青铜器时代的功能性配饰。早期设计的装饰别针款式，在制作过程中使用了金属和宝石等材料。此后，由于固定衣物功能的下降，胸针逐渐发展成为更具装饰性的配饰。制作胸针使用的材料种类包括陶瓷、布料和塑料。但是，胸针的主要组件却从未改变。胸针的非功能性的部分是其装饰意义上的亮点。胸针的设计较为复杂，可以采用弹簧和铰链，以帮助提升其灵活性。

21. 纪梵希（Givenchy）2009春/夏季发布的高级时装系列中，使用了宝石装饰的、兼具功能性的超大的个性胸针。

21

常用术语

主体部分
胸针的正面包含主要设计图案。如果胸针正面在方向上有上、下之分，那么，胸针上部的反面会带有别针，别针开口则位于胸针下部。

扣针
这是使用非常薄的材料制作的部件，能够穿透衣服，然后牢固地固定胸针的位置。

乔治娜·马丁（Georgina Martin）

乔治娜·马丁是一位专注于复杂设计创作的珠宝首饰设计师。2006年，她创立了自己的品牌。她的设计作品已经在画廊展出，颇受好评。她所有的设计作品都有其背后的故事，这些故事是关于每一件珠宝首饰的用途的不可或缺的解释和说明，其个性化的设计令珠宝首饰与佩戴者的风格相互契合，相得益彰。乔治娜手工制作的珠宝首饰与众不同，构思精妙，出神入化，备受赞誉。

您是从哪里找到灵感的？

我有各种各样的灵感来源，可以是任何事物，可以是博物馆、美术馆或豪华古宅，我周围世界里的任何东西都可能成为灵感来源。我喜欢我的工作，讲一个故事，或举办一场活动，活动场景随之成为了我工作中包含的内容。我从小被其他人带着看见过各种豪宅，在慢慢长大的过程中我逐渐开始喜爱和欣赏这些豪宅。我会在风景画后面发现动物标本，这些动物标本虽然形态丑陋，但是在我看来却很引人入胜。那些破败的家具上装饰着华丽的图案，为豪华宅第平添了几分气派。我的灵感还来自于维多利亚珠宝首饰，那些宝石和饰盒里的头发讲述着一个个浪漫的故事。

您如何开始设计制作新的系列作品？

当我开始设计制作一个新的系列时，我的目标是，我设计的作品必须是我本人愿意使用的配饰，必须是赋予我新鲜创意的作品。这可能是一个戒指、项链或胸针，而且也并不总是为销售的目的而设计制作首饰。从这个主要的设计作品中，我选取一些元素，将其纳入一个作品系列之中。通常这个作品系列会包含一个项链、两套耳环耳饰和一个手镯。我真的很喜欢制作胸针，因为胸针可以比系列作品中的任何一个单品尺寸更大，也更为华丽，所以我会尝试在系列作品中加入胸针。

您是如何安排您的研究工作的？

我的研究工作日程很繁忙，我同时使用几本草图本，然后在大张的图样纸上确定设计方案。在大张的图样纸上，我会将草图绘制出的所有变化放置在一起，寻找合适的比例，以此确定最佳设计方案。我在设计过程中制作模型和样本，并且让材料成为推动设计创意不断改进的因素。

您的设计流程是什么样的？

我有时给自己设定品牌理念，这个理念可以是一个词语、一个主题或一个对象。我根据这个理念收集能够给我启发、带来灵感的图像或物品。

从这些图像和物品中，我开始吸取系列作品中需要的元素，同时注重样式、质地、纹理和颜色。这些元素引领我找到一个可能的设计方案。我觉得在设计阶段制作模型和样本更容易。在制作模型和样本的过程中，我使用铜或黄铜作为原材料，在少数情况下，也使用金属银。

设计方案完成之后，我就开始使用金属银制作这些首饰。在这个阶段，设计方案往往会有所调整，作品表面的修饰和加工以及确定比例都是最需要把握的要素。根据已经制作完成的作品原型样本，我可以计算出这件首饰在制作过程中所需要耗费的时间、材料成本，以及是否需要进一步调整设计方案，使设计流程具有更高的成本效益。

您大多设计哪种类型的珠宝首饰？

主要是戒指和项链，也有耳环和手镯。好像我总是在制作饰盒，因为我总想让我制作的珠宝首饰里面包含一个故事。饰盒正是可以在这样一个小小的区域里灵活地容纳许多东西。饰盒中包含永恒的浪漫情怀，既可以属于历史，也可以属于现代。

您采用什么类型的材料来制作珠宝首饰？

主要是金属银，因为这种金属的用途很灵活，可以采用各种各样的表面加工方式，包括打磨、使之呈现氧化物光泽、上釉、磨光和磨毛等。但是，我觉得非贵金属材料也能激发灵感。铜可能就是这样的金属。使用金属铜制作首饰，我们可以对其进行纯天然的表面光洁度加工，可以加热，也可以使之呈现氧化物光泽。然后再添加一些颜色，我们就能使这件作品焕发出生机和活力。通过选择材料，我可以保证我的系列作品符合一个恒定的标准。

您对新设计师有什么建议？

在开始设计制作一个作品系列时，必须清晰地认识到：主题鲜明的系列作品可以真正体现你作为一名设计师的特色。你必须经常了解来自存有货物的商人的反馈意见，因为对于未来的系列作品设计来说，这是非常宝贵的基础和依据。最后，你必须明确你正在为谁设计作品，这是任何一名设计师取得成功的关键。

22—25.需要近距离观看乔治娜·马J
设计的复杂作品，才能充分领略到银质
戒指、饰盒中神奇的微小图案的韵味。

所有帽子的样式都来源于两个基本款型变化：有檐帽和无檐帽，宽边帽和无边帽。这两种款型变化在体现帽子保护头部的功能方面都颇有创意，其原因是，任何精心制作的头饰都必须契合头型，并具备保护头部的基本功能。到了近代，有檐帽已经变得不那么普及，并且通常仅适用于特殊场合。男子原本是戴帽子的主体，但是，与大多数配饰一样，女帽如今已成为帽业的主导款式。

今天，运动帽也是该行业的一个重要组成部分。运动帽同时可以满足男、女运动员的需求，也被视为一种时尚产品。另一种不可忽视的帽子类型是防护性帽子。防护性帽子通常是警察、士兵和厨师以及其他特殊工种从业人员工作服套装的重要组成部分。

女帽设计制作的沿革

16世纪中叶，在米兰服饰用品及备受追捧的草帽进口商被称为"米兰人（Millaners）"，这一词汇最终演变为我们今天使用的现代词汇"女帽"。头部配饰设计制作创意发源于久远的历史，从使用最简单材料制作的基本款帽子到显示佩戴者权力和财富的豪华风格帽子，帽子的类型众多，数不胜数。例如，在英国，从20世纪早期到20世纪中叶，上流社会的男子会戴高顶大圆礼帽，而来自工人阶层的男子则会戴平顶圆礼帽。

从历史上看，当时人们戴帽子的方式必须遵守明确的规则。女子常常在室内戴帽子，但帽子仍然主要是男人的饰品。直到今天，很多款式帽子的灵感仍然受到男装风格的影响。20世纪初，高级时装女帽在巴黎风靡一时，一统天下。女装设计师突破传统障碍，在先前与工人阶层相关联的帽子样式的基础上创意制作出时尚女帽，其中最好的例子是克里斯汀·迪奥（Christian Dior）为1947年系列作品制作的圆锥形草帽，也被称为"苦力帽"。

新材料和新技术的出现，使我们能够凭借创意制作出复杂的有檐帽和无檐帽，尽管相对而言，传统的帽子组件仍然基本保持不变。

　　许多经典的帽子款式今天仍然反复受到热捧，只是其中的装饰日益复杂。如今，可以用于女帽设计制作的现代材料日益扩大，使设计师能够制作出更多且具有建筑学美感的作品，他们所受到的唯一限制仅仅是他们自己想象力的大小和头部能佩戴帽子的多少。要确定帽子的结构，可以使用传统的帽模，也可以不使用帽模，而是制作一个支架，在支架的支持下完成结构设计。女帽设计师与服装设计师通常在进行系列作品设计制作时展开合作，相互取长补短。由于帽子在时装表演中非常引人注目，帽子往往不只是局限于为整套作品设计增添光彩，同时也可作为独立的配饰绽放魅力。

26.《夫人洗澡》（*Lady de Bathe*）中的这位歌手、演员和情妇，展示了爱德华时代与礼服搭配使用的风格奇异的帽子，上翘的帽檐上镶着漂亮的羽毛。

27. 约翰·加利亚诺为迪奥2010春/夏高级女装系列发布设计的作品，其灵感来自经典的女帽设计款式，在小巧的帽冠边缘使用引人注目的旋涡式羽毛作为装饰。

帽子

　　帽子的尺寸和形态变化很大，并且随着时尚、潮流和品位的改变而变化。例如，在中世纪，精心制作的装饰性帽子让位于功能性帽子，帽子的边缘变得日渐扁平，以适应拔剑出鞘的需要。与大多数配饰一样，当时男帽的设计一马当先，引领潮流。居于主导地位的男帽最终激发出女帽的设计灵感。随着时间的推移，基于此种灵感设计制作的作品已经为女帽设计行业带来至高无上的荣耀。

　　与最初的样式相比，帽子的设计风格改变相对较少。然而，现代的帽子不一定需要帽冠或帽檐。在帽子制作的过程中，所用材料的范围在传统的稻草和毛毡的基础上又有了很大的扩展。今天，高级女帽设计师的数量急剧下降，很少有生产制作网点定点面向成衣服装市场，同时，也只有少数的女帽设计师为巴黎高级时装屋独家设计制作女帽制品。一些女帽设计师已经成功地与服装设计师开展合作，其中大多数都有自己的系列作品。虽然创意女帽设计师只占据本行业较小的份额，但其影响力却非常引人注目。

28. 斯蒂芬·琼斯在这顶拥有完美比例的贝雷帽中展现了现代风格，尤其注重帽顶部的细节。

29. 明亮的洋红色突出了精致的穗边和蕾丝，展现出香奈儿设计的这款变体硬草帽的种种设计细节。

30. 斯蒂芬·琼斯设计的经典作品，色彩装饰出神入化。

帽冠

常用术语

帽冠
位于帽口的上部和顶部，构成作为
头部配饰的帽子的主体部分。

帽檐
处于帽冠下方，通常是帽口向外延
伸的部分。

帽檐里
帽檐下侧的面。

缎带或汗口条（内置）
缎带或汗口条，衬于帽口内侧，位
于前额处，带来舒适的感受，同时
起到贴合作用。

帽檐里

帽檐

无檐帽

无檐帽最初是工薪阶层使用的帽子。
因为具备很强的实用性，无檐帽成为工薪
阶层必备的时尚用品。今天，无檐帽有许
多不同类型，包括无帽檐的款式以及眼睛
上方有帽舌的款式，其中最易识别的无檐
帽风格样式是棒球帽。20世纪80年代，棒
球帽人气飙升，成为年轻人使用的重要配
饰。拥有特色鲜明的标识、颜色和设计的
棒球帽也成为主打配饰产品。至今，这一
紧紧贴合头部线条的配饰仍然是运动服饰
中的主要产品，并且不时成为受到热捧的
时尚产品。近来，女帽设计师和高档女装
设计师使用精致的织物和昂贵的装饰组件
设计制作出的无檐帽，其精巧和优雅程度
足以与制作精良的最上乘配饰媲美。

有檐帽的种类

硬草帽、软帽、圆顶硬礼帽、
钟型女帽、苦力帽、牛仔帽、
软呢帽、巴拿马草帽、女用宽
檐帽、大礼帽和毡帽。

无檐帽的种类

棒球帽、无檐小便帽、贝雷
帽、卷边帽、鸭舌帽、水手
帽、海盗帽。

31. 里卡多·提西（Riccardo Tisci）为纪梵希高级时装（2007秋/冬）发布设计的超大豹纹丝帽。

32. 斯蒂芬·琼斯设计的拼接软帽展示了当代设计的简约风格。

33. 20世纪60年代的超大门童帽，将非正式风格与正式风格融为一体。

常用术语

拼接软帽帽冠
拼接软帽帽冠

拼接软帽帽冠
将"三角形"面料拼接在一起形
成球面，制成帽冠。

帽舌
帽舌

帽舌
突出于帽口前部的帽檐部分，一
般通过加工使之质地变硬绷紧，
以提升其强度。

饰钉或按扣（内置）
有时与帽冠部相连，是装饰性
部件。

菲利普·特里西（Philip Treacy）

菲利普·特里西是一位屡获殊荣的女帽设计师，其创意设计得到国际认可。菲利普·特里西曾经与许多有影响力的时装设计师合作设计作品，包括卡尔·拉格菲尔德（Karl Lagerfeld）和亚历山大·麦昆。菲利普·特里西因设计制作雕塑帽而名闻遐迩，这些雕塑帽已经成为皇室和杰出的超级名模使用的配饰。菲利普的成就不但激励着业内设计师探索成功之路，也鼓舞着他本人的名人粉丝，其中包括女神嘎嘎（Lady Gaga）。

女帽中的什么元素给您最多灵感？

我的灵感来自于纯自然的形态和优美的线条。我借用当代事物产生的影响，无论是雕塑，还是艺术，或任何当今世界上发生的事件。我总是尝试制作一些前所未有的东西和新鲜的东西，也总是有一些新的东西给我以启迪。说到人们给我的启示，我最大的灵感来源当然是我的客户。

您的灵感起源于何处？

我所传承的爱尔兰文化传统对我的设计方式有着巨大的影响。爱尔兰文化传统已经成为我生命的一部分。在设计中展现爱尔兰风格是我愿意从事的工作。当然，其中不会包含任何三叶草（爱尔兰国花）！而是展示21世纪的爱尔兰时尚。我总是受到美好事物的影响。在爱尔兰的家中，我们被教导要领略自然之美。我发现我的作品中的自然线条带有我成长的地方的景观轮廓。我们喂养很多的鸡、野鸡和鹅，所以我做的帽子的主要原料是羽毛，因为我对羽毛非常熟悉。另外，我的妹妹马里昂（Marion）是世界上最迷人的姑娘。她给我很多启迪。她是我进入时尚和杂志圈的领路人。她曾在伦敦做护士，通常节假日回家时总会带回各种很棒的杂志，如《时尚芭莎》（Harper's Bazaar）和《时尚》（Vogue）杂志，这些都是我当时从来没有见过的刊物。

您的设计流程是什么样的？

帽子设计通常由图纸设计开始。我一直在巴黎的伦佐模块成型公司〔Renzo Re（La Forme）〕工作。该公司负责转换图纸上的三维模型。然后，我使用木材和棉织物亲自制作这个三维模型。我们的每一顶帽子的制作流程都是这样的。

34—38.菲利普·特里西的帽子作品系列。在其当代系列作品中，菲利普·特里西显示出善于掌控比例和使用材料的高超技能——通过羽毛、塑料、毛毡和蕾丝的巧妙结合，将梦幻变为现实。

您如何逐步确定配饰的模型？

我使用模型作为导引，或是作为解决问题的钥匙，将实际帽型雕刻在三维模型之上。我会使用一些测量值，但是大多数时候还是会依靠我的眼睛来测量确定具体尺寸。我告诉你，在制作帽子的时候，就算是零点几英寸都是至关重要的。所有的尺寸都必须非常精确。

每一季您如何确定您的调色板配置？

每一季都和过去不同，我们总是需要新的和不同以往的东西。出于这个原因，我将稻草和毛毡染成我个人觉得合适的颜色。这些颜色可以是真正的花的颜色，可以是水果的颜色或是糖果店中的某个颜色，总之可以是任何东西的颜色！

在从事合作项目工作时，是什么给了您最多的启示和灵感？

和具有较强能力的设计师一起工作是令人兴奋的，因为他们让你演绎他们本人的设计风格。有些设计师关注具体的设计事务，但是和我合作过很长时间的很多设计师，都会在他们的系列作品理念的基础上，给我自由设计制作的空间。我曾经与拉尔夫·劳伦（Ralph Lauren）和卡尔·拉格菲尔德（Karl Lagerfeld）合作，为香奈儿、华伦天奴（Valentino）、乔治·阿玛尼（Giorgio Armani）设计作品，与里卡多·提西合作为纪梵希设计作品。所有这些设计师都是有很高天赋的人才。

您如何展示您的作品系列？

我们每年两次在巴黎普瑞米尔巴耶经典酒店（Premiere Classe）发布新的作品系列。同时，在伦敦有我们自己的展厅。

为什么女帽是时装系列中的重要配饰？

帽子可以彻底改变佩戴者的个性，使他们站立和行走的方式有所不同。帽子可以使人觉得自己令人关注。好的帽子是具有最终诱惑力的配饰，使旁观者感到兴奋，使佩戴者感到如沐春风。帽子提升佩戴者的受欢迎程度。虽然帽子的外形似乎超凡脱俗，但是佩戴者和旁观者却没有区别，都是帽子的消费者。

什么是新设计师应该学习的最好的设计技术？

设计师可以遵循的规则永远是仅仅带有引导性的指导性原则，而不是一成不变的规定……你会通过自己的判断知道一顶帽子应该如何设计才是正确的……但最重要的是，要让佩戴者感到快乐和自信。当他们看到镜子里的自己时，他们是不是在微笑？你能不能看到他们眼睛里闪耀的火花？这个时刻，你就知道你的设计方案是不是正确的。

菲利普·特里西（Philip Treacy）

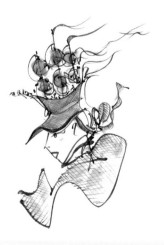

39—44. 菲利普·特里西将时装系列作品草图中展现的活力转化为现实。其灵感——取自于大自然内外——在佩戴者和观赏者中制造出非凡的效果。

44

菲利普·特里西（Philip Treacy）

45—47. 在菲利普·特里西的系列作品中，使用了最简单的材料，如，一根轻轻覆盖模特面孔的引人注目的羽毛，创造出戏剧化的效果。毋庸赘言，他风趣的帽子设计轻松幽默，引人入胜。

47

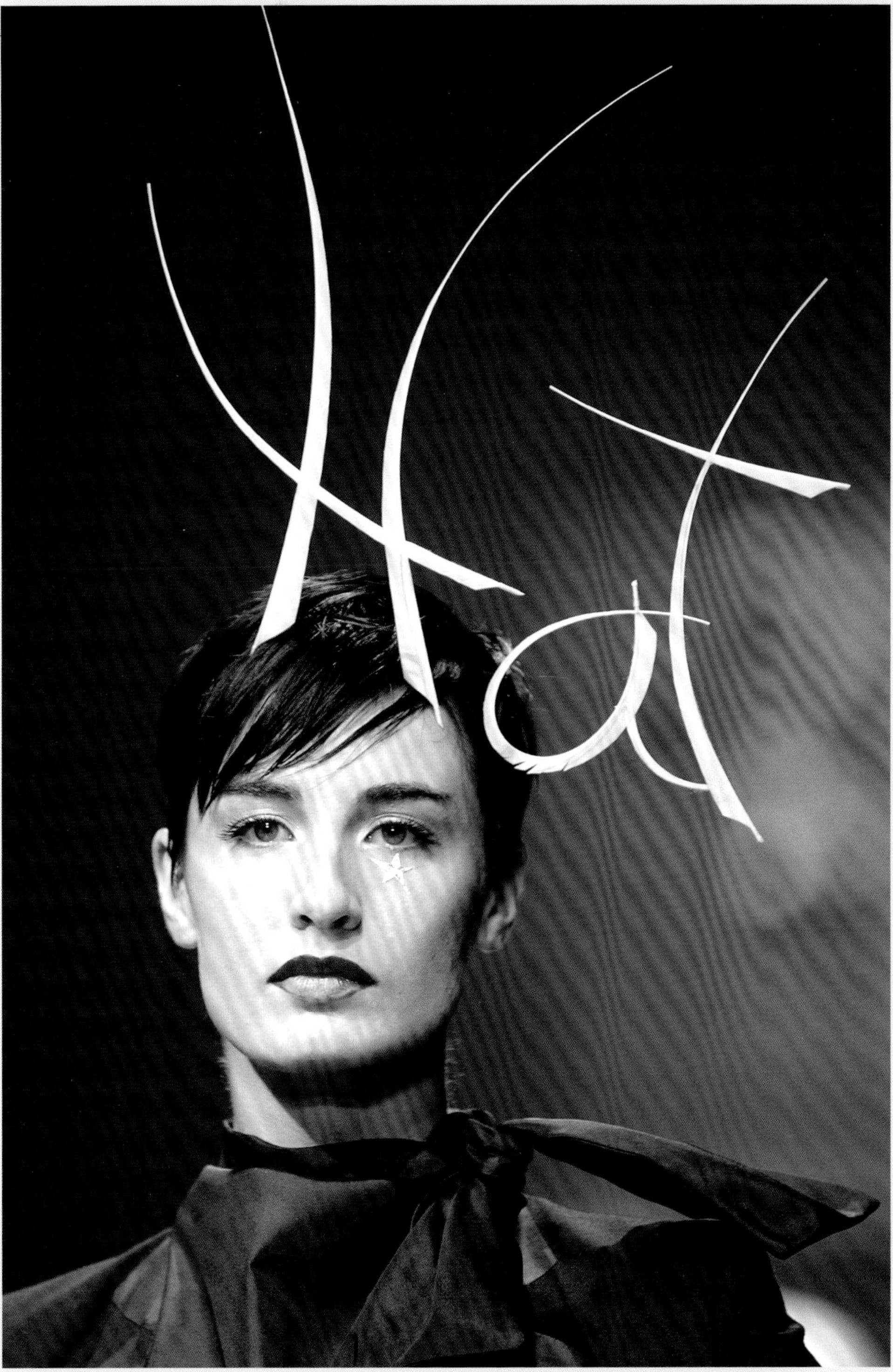

建立配饰设计资料库

所有设计者都必须充分掌握关于箱包、鞋履、首饰和女帽的不同风格样式的知识。这需要对本行业目前提供的产品进行研究，其中还包含历史文献的研究。这种研究工作应该持续进行，使你能够创建一个配饰资料信息库。凭借这个资料库，你可以充分了解现有的配饰设计与制造的可能性。这个资料库可以作为一个不可缺少的向导，帮助你编制和管理这些产品信息，并在设计制作有形的配饰产品的时候获得自信。

目标和学习成果

研究工作的目的是，建立主要的四类配饰设计中存在的许多不同的配饰样式的信息资料库，然后在设计制作过程中加以使用。

设计任务

初始研究主要侧重了解当前市场的信息。据此，你将了解到主要配饰市场的动态，因为这些配饰市场的需求会随着品味、设计和生产技术的改变而不断变化。

记录四类主要配饰的主要样式特征，并通过本章了解各个配饰组件的名称，前者（即主要样式特征）在配饰制作使用过程中起着不可或缺的作用，而后者（即组件的名称）则属于纯粹的审美意义上的概念。

作为对初始研究的补充，你应该进行二次研究，阅读文字材料或通过书籍和网站等各种媒体寻找相关图像。这种研究方法非常有用，借此你可以了解到，一些配饰设计中的独特元素现在也许已经不再使用，但具有创造性眼光的现代设计师可能会成功地使这些元素重放异彩。

备注：建立配饰设计资料库时，必须创建一个清晰的信息归类系统，确保将所收集到的信息资料按照研究主题分门别类，以方便日后查找参考。

48. 复杂的鞋履装饰和丝质钟形帽的完整外观。香奈儿2009秋/冬高级时装发布作品展示。

48

以一抹荧光色作为特色装饰的鞋履系列作品，突出展示了意大利著名时装品牌"民族服装"（Costume National）系列（2012春/夏）设计制作的精妙的有凹槽的高跟鞋。

在你通过研究形成最初的配饰设计创意并准备开始设计自己的系列作品之前，你首先需要充分了解作品的设计流程。在下面的章节中我们将探讨什么是作品的设计流程。

什么是设计流程？成功的设计要求设定一个有起点和终点的周期。对于每件配饰而言，设计师需要同时管理多个不同产品的设计制作方案，以此确保系列作品的设计理念前后连贯。在整个设计过程中，设计师在范围广泛的多个领域开展工作，这可能需要涉及不同的风格和市场类型，或者在工作中与其他设计师进行合作。

在设计流程中首先必须定义作品设计中面临的问题，并设定品牌理念。无论是公司，还是设计师本人，都会设置参数，以确保所设计制作的配饰符合既定的品牌理念。品牌理念可能取决于客户的需求，例如为满足客户要求而设定的品牌概念，也可能基于设计师本人的观念，还可能受制于公司设定的某种限制。在所有这些情况下，设计师都必须对不同的具体需求做出不同反应。

1. 这一系列作品图（Line Sheet）展示了一组乔迪·帕奇蒙特（Jody Parchment）确定的草图和制作规格说明。
2. 当代鞋履设计师乔迪·帕奇蒙特设计制作的带有花边状激光雕刻加工图案的鞋履，其灵感来源于鞋履样式历史的研究成果。

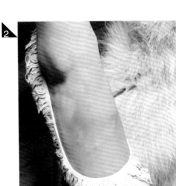

研究思路

进行产品理念研究时所采用的信息可能有许多不同的来源：理念可能来自设计师周围的环境，可能来自天然物品或人工制品，或来自之前已经产生的理念或未来的事件。理念很少会来自全新的想法，大多数理念经由历史或之前已经表述过的概念的启发而诞生。但是，对创意想法的每一次新的诠释都会导致许多结果：界限变得模糊，跨文化文献得到整合，未知的文化资源得到发掘，而其中最关键的结果则是社会和艺术得到了发展。

现在，应该对你积累的研究资料进行审慎的研究，这样你可以从中选择出最激动人心的主题。然后，应该由设计师或设计团队以绘制草图的方式对此进行进一步开发，形成更为具体的设计思路，以便将设计研究主题充分推进至可能的配饰设计阶段。在此过程中，设计师应该精心选择原料，因为设计方案本身可能受到可用原料的限制。这种限制也可能导致设计师对设计理念加以改进，使之满足当前设计的配饰的要求。

最后，将所有设计方案汇聚整合，把每一个配饰累加起来形成一个作品系列。通过精心编辑，再将重点配饰组合为成功的作品系列。然后将该作品系列制成原型样本，投入生产。本章介绍了配饰设计师设计流程和作品展示的关键概念。

设计研究是一个持续的过程，可以直接激发项目创意和其他创意。灵感可以出现在任何地方，但是寻觅灵感最好从记录醒目的视觉形象开始——无论是面料色板和皮革样片，还是宝石或合成塑料。配饰往往依靠微小的组件来取得创造性的效果。同时，设计师也期待通过其他思想情感的表达方式来收集产生设计创意，如文学和艺术运动、社会团体或亚文化。观察不同的文化习惯和行为也可以带来灵感，学习不同的文化可以拓宽思路，了解人们为什么佩戴配饰以及如何佩戴配饰，以此在配饰造型和装饰物设计方面受到启迪，收获灵感。

3. 布拉格街头用于装饰窗户和路灯基座的铁艺设施成为乔治娜·马丁的珠宝设计灵感来源（参见36、37页）。

探索确定研究主题

编制研究资料，逐渐形成和确定有形的配饰作品设计主题的过程需要耗费时间。培育单个设计创意，使之逐渐能够匹配现有素材或体现其意义，也需要花费时间。尝试性试验或深入地调查研究可以有助于产生新的创意想法，或者强化现有的思路。为形成和确定研究主题，设计师可以采取两种方式：采用创造性的方式自由汇编图像、文字和样本，或采用严格的技术性方式，将测试结果和研究资料记录整理为文档资料。当你的重点研究工作致力于满足某个特别时刻、时装季和具体功能的要求时，其中会有时尚主题反复出现，逐步成型。这样的主题可以成为用户可以识别的、具有设计师标志性风格的样式。每次编制研究资料和主题时，必须侧重关注的基本要素包括颜色、造型和纹理。

编制研究材料

收集研究材料的过程可以有助于定义新的系列配饰的用途。草图本容易保存和携带，并且也是一个有用的工具，可以用来保存你一直在收集记录的图形和文字。

对采用这种方式取得的研究成果和资料应该进行分层管理。一般来说，重要的图像可以置于页面上突出的位置，但直觉敏锐的设计师会以此为基础，思考是否需要对基本要素进行主题契合度的检视。研究设计新的系列作品是高度个人化的工作。设计师必须明确目标，提炼创意，并简化有用的设计工作理念。

情绪板（Moodboards）

情绪板完整呈现整个设计理念，突出体现强烈的主题，提出连贯的概念。情绪板汇总此前所收集到的主要图像、颜色、图案和纹理，然后加以编辑，以简洁扼要的方式明确传达系列作品的意义和内涵。重要的是，选择确定用于情绪板的版面必须是大幅面的，或者是易于阅读的版式。使用计算机技术，设计师可以很容易创建和共享电子情绪板。这种展示方法非常有用，可以在从事合作项目工作的大型团队成员中传播设计创意，鼓励团队中的其他成员在同一个工作文件中整理和共享信息。

编制研究草图本

绘制初始研究和二次研究草图——凭记忆绘制草图以及在现场绘制环境图像。

收集颜色、纹理和图案——从配饰以外的其他途径寻找多种样式来源。

三维检视——用草图或摄影的方式直观地记录自然的和人工制作的造型。

几个世纪以来，设计师们受益于由世界各地的其他文化所带来的灵感，而欧洲皇室始终引领欧洲大陆的配饰风尚潮流。今天的配饰设计师仍然从文献档案中寻找灵感。从历史的角度看，新设计师可以了解之前的风尚潮流，掌握之前最流行的配饰风格样式，并从他们进行的历史探索和研究中获得启示，设想制作新的配饰样式的可能性。

通过对历史的探索和研究，设计师了解了此前已经存在的主要配饰款式，很多设计师都在有历史影响的配饰基础上创意制作现代风格的奢华配饰。借鉴以往配饰设计灵感制作的当代配饰，还需要慎重考虑配饰的适用性和耐用性。例如，可以尝试使用现代材料来展现具有历史影响力配饰的外观特征，采用现代的方式诠释古老的风尚。

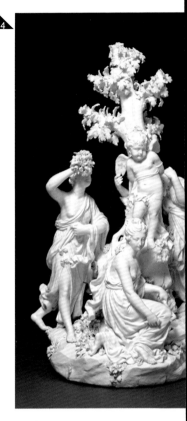

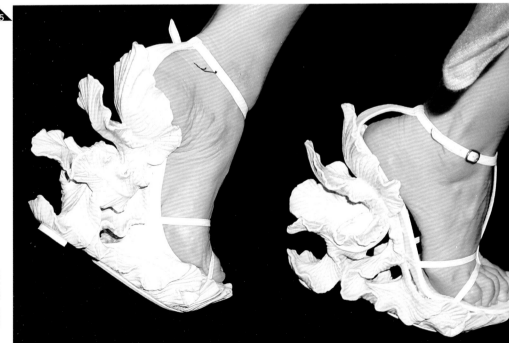

初始研究和二次研究有助于开拓思路，使未来的设计师可能由此萌发出相同类型的创意主题，所以具有前瞻性的设计师会利用手边很多资源有效开展相关的研究工作。

初始研究

初始研究要求设计师亲自访问可能会提供鼓舞人心素材的场所。对新设计师而言，参观博物馆和艺术画廊非常重要，因为这些地方收藏着过去作品的文献档案。探寻灵感来源不应该仅限于研究配饰本身，而是应该同时从文化和艺术运动中寻找线索，例如，开始于20世纪20年代初的超现实主义风格，曾经令艾尔莎·夏帕瑞丽（Elsa Schiaparelli）及其他众多同时代的设计师由此获得启发。

初始研究的素材源自于你的周围环境，其中包括从天然纹理到结构样式等多种要素。摄影、绘制草图和收集视觉文献档案是初始研究中至关重要的组成部分。虽然在初始研究过程中收集的素材可能不会立即为你所用，但是这些素材以后可能会成为连接其他研究元素的关键环节。因此，对所有素材都必须仔细斟酌。你必须在搜索具体素材和开放吸收周围环境素材之间踩出一条界线，未曾预料的创意会由此产生，或自然而然地呈现在你的脑海之中。

二次研究资料

可以采取多种形式进行二次研究。互联网已经成为一个极好的信息来源工具，已经出版的书籍、杂志、报纸和不断增加的各种信息也成为持续的支持性信息来源。使用关键词搜索信息可以很容易地锁定和搜索信息来源。然而，为确保搜索富有成效，必须设置参数，否则设计师可能会收集到过多的信息。研究可以从确定和复印样张开始，然后可以转到数字图像处理，以制造特定的效果。通过设置详细的标签，电子档案成为存储可供日后使用的材料的有效工具。

研究方法

初始研究
博物馆、美术馆、乡镇和城市（建筑学）、公共活动、文物古迹、历史遗址、植物园和国外旅游等。

二次研究资料
时装及配饰历史书籍和档案、艺术家专著、时尚和生活杂志、报纸、行业期刊、时尚网站和博客等。

4. 18世纪晚期作品《令丘比特伤心的三位女神》（*The Three Graces distress-ing Cupid*）中的瓷器。
5. 亚历山大·麦昆2011年发布的鞋履作品，灵感来源于白色瓷器。

　　寻找当代设计创意灵感，要求设计师必须顺应时尚潮流，有能力利用来源广泛的资讯以敏锐预测时尚潮流发展的趋势。灵感不一定总是来源于以前生产的配饰，技术也发挥了关键的作用，特别是当人类在人造结构、合成材料和制作技术方面取得进展之后，技术已经成为当代时尚创意设计灵感的又一个来源。在制作配饰之前，计算机软件可以轻松创建配饰的三维效果图，大大提升了此前产品的开发速度和效率，对配饰设计产生了显著的影响，特别是在涉及运动鞋制作的技术精度方面更是如此。同时，用以制作配饰的材料不断得到更新和完善，推动着配饰行业加速进行创意设计，推出了原有产品的改进版，旨在为穿着者带来更多的舒适感受。

6. 艾琳·梅林（Elin Melin）的情绪板展示了来源于户外生活的创意灵感。自然景观和复古风格的帐篷成为这个带有口袋的上班用的皮革公文包的设计灵感。

时尚潮流趋势

时尚潮流趋势来源于关于时尚的历史资料，设计师据此了解已经为大众接受的重复出现的时尚主题。人们对这类信息加以收集和分析，用以预测可能即将到来的时尚潮流发展的趋势。时尚潮流趋势预测的主要内容，即预测时尚产品的色彩和风格。

色彩

潮流趋势预测跟踪不断变化的时尚品味和风格，为设计师提供时尚潮流趋势的早期指导与长期分析。大众的品味创意与配饰风格的发展比较缓慢，需要经历很长一段时间，只有在极少数情况下，新的、前所未有的风格才会突然出现。关于色彩趋势预测的意见和建议的形成一般需要两年时间，因为纤维、织物和皮革染色工作必须在生产前完成。每个国家都是先召集本行业代表会议，讨论色彩调整和变化的走向，之后举行全球各国同行会议，确定并预测时尚色彩发展的趋势。

风格

在时尚界，预测时尚趋势的研究人员的数量正在日渐增多，他们被称为"猎酷师"。他们的任务是从来源于各种渠道的信息资料中寻求并发现时尚产品的新样式。传统的趋势预测方法是观察"下滴效应"：顶级设计师打造具有创新意义的配饰样式，而这些新样式随着时间的推移逐渐对大众市场产生影响。

时尚潮流趋势形成的过程也可能呈相反方向，即潮流影响力朝着相反的方向发挥作用——我们可以称之为"上滴效应"。例如，源于不同社会或文化群体的亚文化趋势可以最初先激发大众市场，然后进一步为高端设计市场所接受。

预测机构相互合作，为即将到来的季节传播关键的时尚主题，很多时尚样式经过几年的蛰伏之后也会重新领导潮流。潮流引领市场，提升人气，又以最快的速度退出市场。然而，经典的款式通常大部分时间都会受到热捧。例如，经典的香奈儿手袋，最初设计制作的时间是20世纪20年代，时至今日仍然是市场上的流行款式，并继续成为许多当代的系列设计作品的灵感来源。这一点无论对香奈儿时装店和其他设计师而言，都是如此。

头脑风暴

拓展思路的一种有效方法是使用人称"头脑风暴"的研究方法，以充分扩大重要主题的研究范围。首先选择关键词，找到初级、中级和高级研究素材中涉及该关键词的信息链接。初级链接是显示直接信息的链接，二级链接是显示间接信息的链接，高级链接则是指与主题松散相关的创意灵感。

如果有很多可用的图形的话，使用图形而不是关键词可以提升工作效率——这是对视觉设计师尤其有帮助的一种方法。使用混合型的研究方法时，设计师可以混合使用文字、图片、材料、纹理和图案，目的是创造出更多有形的头脑风暴模式。

配饰通常与衣服搭配使用。配饰在服装设计师和配饰设计师的合作中发挥了特殊的作用。配饰设计师和服装设计师都有自己的专长，他们有时会合作实际风格连贯的时尚作品系列。例如，在高级时装展示会上，设计师们经常协同工作，使各自的作品系列互为补充，相辅相成。

此前，与服装设计相比，配饰只占据相对次要的位置，这使得配饰设计师在运用造型、材料和款式搭配服装作品系列时受到诸多限制。然而，现在有越来越多的设计师举办独立的配饰展示活动，在活动中，服装设计师应邀创作服装，用于搭配配饰，以此突出配饰系列作品的设计效果。

7. 亚历山大·麦昆与菲利普·特里西合作，在联合发布的2009/2010秋/冬系列作品中展示了这款精心设计的主打帽子。两位设计师的作品所展示的影响力令人叹为观止。在菲利普·特里西灵巧的手中，帽子像是一个曲线婀娜的褶皱雕塑，与麦昆熟练制作的西装外套的超大竖领相呼应。

合作使每个参与设计的设计师能够展示他们的设计作品，这些作品是在众人共同努力下独立设计出来的产品——例如，亚历山大·麦昆品牌与女帽设计师菲利普·特里西建立了长期的合作关系。还有许多成功的时尚伙伴组合，具体实例有：女演员杰德·贾格尔（Jade Jagger）与珠宝品牌杰拉德（Garrard）、鞋履设计师莫诺罗·博拉尼克与约翰·加利亚诺早期合作为迪奥及其自有品牌设计高级时装、卡尔·拉格菲尔德在香奈儿的鞋履坊与玛萨罗（Massaro）（该品牌现拥有所有权）拥有长期合作关系以及名人之间建立的合作伙伴关系，又如，艾里珊·钟（Alexa Chung）与玛百莉（Mulberry）。合作伙伴关系可以是非常成功的，因其有能力对本行业产生即时的影响，例如珑骧传奇（Longchamp Legend）与凯特·摩斯（Kate Moss，英国超级模特）共同设计手包，即是如此。

合作伙伴关系可以是主动建立的，也可以是被动形成的，例如爱马仕铂金包（Hermès Birkin）和凯莉包（Kelly bag）——前者是为用户简·伯金（Jane Birkin，女演员和歌手）专门设计的，而后者是由于用户〔女演员格蕾丝·凯莉

（Grace Kelly）〕使用该品牌的频率太高，以至于人们将该品牌的配饰与特定用户联系在一起。

非时尚业人士也可以成为合作伙伴。许多服装及配饰设计师的合作伙伴是来自艺术界的大腕：时尚先锋斯蒂芬·斯普劳斯（Stephen Sprouse）及艺术家村上隆（Takashi Murakami）与路易威登（Louis Vuitton）、艺术家理查德·普林斯（Richard Prince）与设计师马克·雅可布（Marc Jacobs）以及唐娜·凯伦（Donna Karan）的系列作品灵感来源于海地的图形艺术家菲利普·都达德（Philippe Dodard）。

搭配服装

配饰设计的一个关键因素，即配饰与衣服搭配时是否协调。每件配饰都必须是衣服的补充，因此，必须首先考虑配饰如何与衣物匹配。其次要考虑尺寸的差异，因为存在配饰是否合身，以及是否有适当空间来容纳配饰的问题。此外，还要考虑配饰的重量，确保配饰与衣物接触时不会给穿戴者带来不舒服的感受，更不会给穿戴者带来危险。

为了产生创意，需要从你的研究材料中选取主要参考资料，将经遴选得到的可用研究资料汇总并分类，然后整合款式、造型、材料和纹理主题，使之协调一致。这个阶段的工作旨在帮助你快速草拟出可能的设计创意轮廓，充分利用参考资料来检查和拓展创意细节。草图会帮助你在头脑中形成更有创意的主题。虽然可能存在一些限制，但是创意产生阶段是探索和确定所有可能的设计方案的最佳时机。由于必须考虑配饰的预期销售前景，商业市场可能会带来进一步的限制性因素。出于同样原因，客户定制产品也会带来一些限制，因为客户会提出配饰设计的具体要求和想法。设计师必须着重关注已经收集到的研究材料中的重点主题和具有强烈创新意味的想法。考虑将不同的创意融会贯通，比如，可以将此前设计师曾经推出的相对古老的珠宝设计样式更新为比较现代的样式，或在现有手包的基础上重新设定和改造手包的造型。

草图

绘制配饰草图可以增强设计师绘制时尚设计草图的信心，可以此培养开发自己呈现比例、造型和透视图的技能：记住只有勤于练习，才能熟练掌握技能。最好的创意设计思路产生于大尺寸的纸张之上。在大尺寸的纸张之上可以显现你的研究工作成果和思维过程，呈现系列作品的整体图像。而且使用大尺寸纸张还有助于避免设计图样不慎丢失。

草图可以进一步修改，覆盖原始图像，可能绘制出更好的图像。这一图像创意的价值在研究的初始阶段可能不会显而易见。你的一些初始设计创意可能会被证明不适合正在设计中的系列作品的风格，但你仍应仔细标记这些初始设计创意资料，并将其存档，作为下一季或未来潮流趋势作品的潜在灵感来源。请记住：新的创意想法往往从失误中产生！

深化设计

深化设计指逐步改变初始设计的比例、尺寸、细节或特点，以此给配饰增加一些额外的外观特征。配饰设计的深化工作有助于提高设计师的综合和匹配能力，设计师通过不断测试和修正错误来设计具有创新意义的配饰。设计师可以尝试与设计颜色、风格、造型和纹理的不同组合，以契合设计师的标志性形象特点。在这个阶段，设计师应评估作品设计方案的契合度，并确保作品设计方案符合设计大纲的目的和预期。由于并非所有的设计方案都将被制作成样本原型或投入生产，所以，有必要谨慎选择最具创意的设计方案。

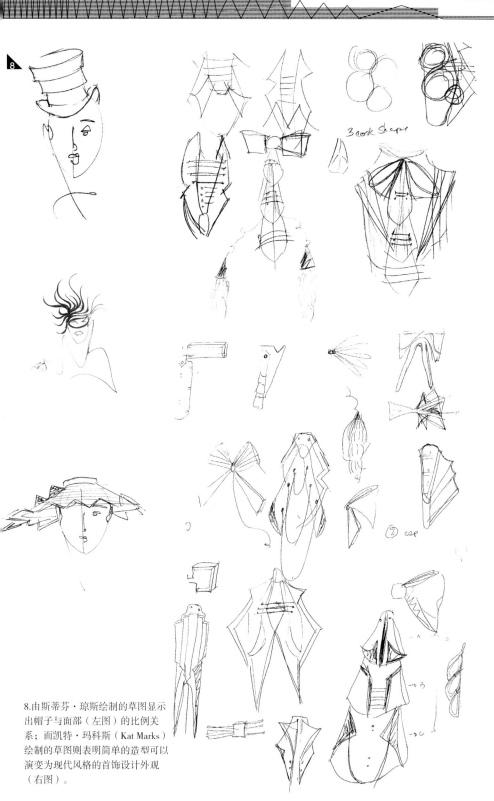

8.由斯蒂芬·琼斯绘制的草图显示出帽子与面部（左图）的比例关系；而凯特·玛科斯（Kat Marks）绘制的草图则表明简单的造型可以演变为现代风格的首饰设计外观（右图）。

演示技巧包括两种主要类型，这两种类型可以单独使用，也可以组合使用。设计师可以采用具有创造性的演示方式来展示设计作品的样本，包括使用手工和计算机制作的插图，同时使用技术版式来展示说明作品的规格。商业设计必须明确体现目标顾客的需求。

大多数演示需要采用精心挑选的图像，包括照片、设计图案、草图以及面料和剪裁，以突出设计师的意图，同时需要使用文字说明，如使用标题和说明。这些演示技巧应该反映配饰系列作品的风格以及设计师本人的个性。可以采用的演示方法很多，例如，创造性地使用多层次叙述性的方式进行演示，或使用计算机辅助设计制作的网格、手绘效果图，或组合使用这两种技巧，以增加演示画面的深度感。虽然设计师必须培养绘画技能，但在当今的配饰行业中，计算机辅助设计是得到最广泛使用的首选设计工具。

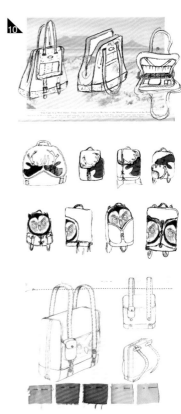

9. 由哈蒂·希格内尔（Hattie Hignell）提供的设计效果图，其中展示了产品的功能、样式和颜色。

10. 由哈蒂·希格内尔提供的系列手绘图，其中展示了传统的设计方案演示技巧，清楚而形象地说明了手包设计创意在手包制作过程中发挥的作用，以及设计创意的演进过程。

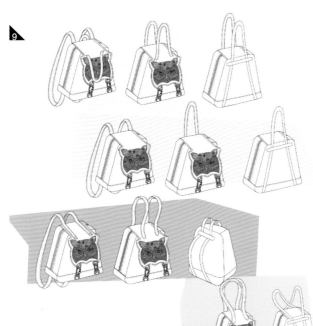

肩带设计创意

计算机辅助设计（CAD）

先进的计算机技术和软件使设计师能够在很短的时间内轻松制作出插图和技术图纸。奥多比系统公司出品的图形设计、图像编辑与网络开发的奥多比创意软件套装（Adobe Creative Suite）是业界使用得最多的设计套件。奥多比图片处理软件（Adobe Photoshop）是一款基于像素的软件，主要用于图像编辑，如喷枪照片。奥多比图片处理软件擅长改善图像品质，其主要缺点是在调整图像大小时图片质量会下降。奥多比绘图软件（Adobe Illustrator）是一款基于向量的软件，使用直线和曲线绘图。使用该软件缩放图像时，图像的品质不受影响。这两个软件可以同时使用，设计师们也越来越有能力做到这一点。

奥多比排版软件（Adobe InDesign）适用于创建布局，或者需要排版的大多数项目。使用模板可以很容易地设计确定页面和系列文件的布局。布局模板创建之后，也可以很快、很容易地得到修改。这一软件使设计人员能够通过设计、生产和制造在内的多种渠道进行视觉沟通。学习和使用任何计算机软件均需耗费一定的时间，但学会使用计算机软件可以使任何类型的配饰设计工作都变得更加高效。

产品规格

工作草图的功能是向受众介绍配饰的造型、风格、尺寸、面料和辅料的特点。草图并不是展现风格特点的绘图，而是实际的结构图，其中清楚地标示了完整设计图的各个接缝和结构线，以及其他风格特征中的所有细节。提供正面和背面图是绘制工作草图的最低要求，特写图纸必须清楚地说明复杂细节或在草图上尚未明显标注的款式细节。产品设计规格包括配饰书面说明、有关的设计细节和具体的生产要求。最后，必须在草图后面附上面料样品、接口、衬里和装饰辅料。

11. 凯特·玛科斯提供的完整设计图，展示了精确的配色方案。

　　随着配饰产品开发设计水平的不断提升，最终产品品质得到了改善，并且在整个设计过程中，关键产品不断涌现。重要的是，设计师必须找出这些关键产品，在现有市场中确定其所处的适当位置。设计师随后将这些关键配饰作为广告宣传和在时装秀场展示的系列作品中的主打产品，成为令其他人借鉴受益的独立作品，或特定款式中的唯一展示作品。主打产品具有独特的气质，因而有能力吸引客户，引起公众的注意，并且可能会在未来多年持续保持超高影响力。

12. 让·保罗·高缇耶（Jean Paul Gaultier，法国服装设计师）2010春/夏高级时装系列中的一款华丽头饰。他戏剧性地使用羽毛作为头饰中的装饰物。

13. 超大的带扣和部落风格融入了博柏利·珀松（Burberry Prorsum）2012春/夏系列手包的面料之中。

14. 迪赛·黑金（Diesel Black Gold）2012春/夏系列作品中被束带状金色皮革缠绕的沉重坡跟鞋。

三个市场层面

多年以来，高端配饰市场主导着时尚和设计潮流趋势。在巴黎和其他时尚之都举行的高级时装展示会以一年两度的频率展示手工配饰系列作品。知名品牌，如爱马仕生产上等品质的顶级皮革箱包，而哈利·温斯顿（Harry Winston）则使用高品质的宝石制作珠宝首饰。这种类型的设计和复杂制作，反映出高端配饰的价格定位。

设计师在开始设计商业系列产品时主要应考虑三个市场层面：

■被视为市场领导者的高端层次。该层次希望设定本行业的发展步伐，在设计、风格和时尚潮流趋势方面处于领先地位。

■中等层次，在时尚潮流趋势渗透大众市场时，快速响应潮流变化。

■低端层次，通常紧跟潮流趋势，但采用低质量的原材料来制造配饰。然而，这一层面被认为是本行业具有价值的市场层面，并且其市场价值在全球范围内持续快速增长。

知名设计师们已经开始设计制作超越市场层面和所有领域的配饰，并且开始利用自己的市场地位为有利可图的低端市场设计产品。

成品市场是迄今为止配饰行业最大的市场。根据既定规格大规模批量制作配饰，一般采用较便宜的材料和简单的工艺流程。成品市场存在于该行业的三个市场层面之中。生产商快速地制作和生产配饰，并高度依赖于提升配饰生产制作速度的手段，以确保产品能及时交付至零售门店。

在设计系列产品时，必须考虑三个市场层面：划分好、更好、最好的产品系列。这一划分三个市场层面的方法，能够确保通过配饰差异化设计展示系列产品的价值。首先确定关键的主打产品，然后开发设计商业系列产品，以履行设计师对商业市场的责任。商业系列产品要求精选供应范围较广、风格连贯的配饰。设计师在设计初始阶段，必须在系列产品中确定一些产品样式类型。

这个行业有四个主要产品（样式）类型。长期在市场上占据主导地位的产品被认为是"经典"作品，这一类型的产品很少改变。半风格化和风格化配饰产品是其他两种类型的产品，其设计方案日新月异。最后一种类型被称为"时尚产品"，因为其样式定期更换，或在相对较短的时间之后被市场完全摒弃。系列产品中的样式类型的构成可以通过几种方法来确定，包括考虑配饰的颜色和大小。通常采用平均值作为确定各种类型配饰生产数量的参考性依据。

产品线

两个主要的产品线：
——产品线的长度指在一个产品系列中包含多少种风格样式；
——产品线的深度表示同一种风格中包含多少种样式变化。

15—16. 由学生艾琳·梅林（Elin Melin）制作的产品系列表包含了功能性配饰，在制作这些配饰时考虑到穿戴者的舒适度。产品系列表展示了她的鞋靴系列作品设计的主要风格和关键组件。

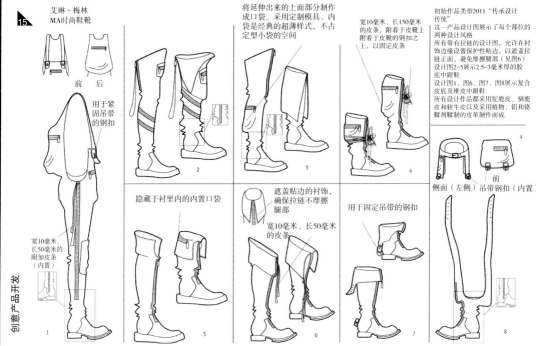

艾琳·梅林
MA时尚鞋靴

前　后

用于紧固吊带的钢扣

宽10毫米、长50毫米的附加皮条（内置）

1

将延伸出来的上面部分制作成口袋。采用定制模具。内袋是经典的超薄样式，不占定型小袋的空间

2

宽10毫米、长150毫米的皮条，附着于皮靴上附着于皮靴的钢扣之上，以固定皮条

3

隐藏于衬里内的内置口袋

遮盖贴边的衬饰，确保拉链不摩擦腿部

宽10毫米、长50毫米的皮条

5

用于固定吊带的钢扣

6

7

初始作品类型2011"传承设计传统"
这一产品设计图展示了每个部位的两种设计风格
所有带有拉链的设计图，允许在衬饰边缘设置保护性贴边，以遮盖拉链正面，避免摩擦腿部（见图6）
设计图2~5展示2.5~3毫米厚的胶底中跟鞋
设计图1、图6、图7、图8展示复合皮底及堆叠中跟鞋
所有设计作品都采用驼鹿皮、驯鹿皮和软牛皮以及采用植物、铝和铬鞣制的皮革制作而成

9

前

侧面（左侧）吊带钢扣（内置）

4

8

箱包

箱包系列作品数量巨大，并且仍在不断增长。但由于箱包设计的复杂性或箱包制作材料的稀有性，独家的系列作品的制作数量较少。在许多大众商业产品系列的主打产品中可以见到所有类型的箱包产品。

鞋履

每一季的鞋履营业额都处于高位，商业鞋履系列产品的类型范围很大，因为鞋的款式和规格的组合为数众多。经典的作品系列历久不衰，但时尚鞋履的系列产品流行时间较短，而鞋履通常为特定的时尚潮流趋势而设计。

珠宝首饰

珠宝首饰系列作品对用于采购原材料的预算的依赖度较高。贵金属和宝石价格昂贵，购买时需要花费大量资金，因此珠宝首饰系列作品的类型构成需要仔细规划。制作用于商业目的的系列产品通常采用便宜的原材料。

女帽

由于需要采用复杂的设计制作工艺，高端品牌的女帽系列作品的适用范围可能很小。在女帽的设计制作过程中，规格大小是一个需要考虑的重要问题，但有时也可以延展标准尺寸。商业女帽需要更广泛地选择尺寸和颜色，因而适用范围较大。

16

艾琳·梅林
MA时尚鞋靴

2011年的初始作品系列
"传承设计传统"

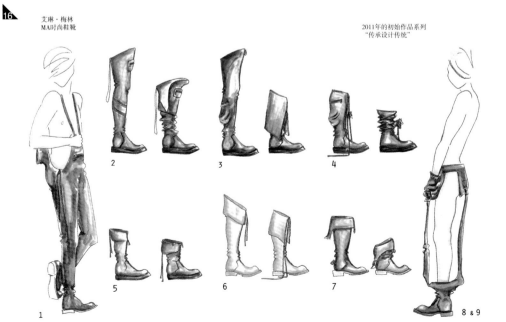

1
2
3
4
5
6
7
8 & 9

斯科特·威尔逊（Scott Wilson）

斯科特·威尔逊是一位有影响力的设计师，他的作品为多部图书所收录，并且作为展示作品入驻许多博物馆和时装秀场。斯科特·威尔逊在打磨作品细节和手工抛光工艺方面力求精益求精，眼光独到，为此获得广泛的好评。在其职业生涯中，他曾经参与为法国品牌蒂埃里·穆勒（Thierry Mugler）、英国设计师侯塞因·卡拉扬(Hussein Chalayan)、伦敦设计师朱利安·麦克唐纳德（Julien Macdonald）和法国时尚品牌纪梵希设计时尚配饰的工作。斯科特的最知名作品是他定期为名人客户委托制作的作品，如特定款式的唯一作品。他的客户有妮可·基德曼（Nicole Kidman）、凯莉·米洛（Kylie Minogue）和麦当娜（Madonna）。

您为什么决定进入配饰行业，又是如何进入配饰行业的？

我一直为人们身上能够穿戴的服装之外的东西而着迷，也为三维物体所吸引。我曾在伦敦密德萨斯大学（Middlesex University）修读四年珠宝首饰专业学士学位课程。在学习期间的第三年赴纽约第七陈列室实习。第七陈列室是一个时装及配饰展厅，其中有艾瑞克森·比蒙（Erickson Beamon）品牌的珠宝首饰作品。在那里工作的经历，以及后来为艾瑞克森·比蒙品牌的联合创始人维姬·萨兹（Vicki Sarge）工作的经历，帮助我对照和反思了以前了解的更为现代的珠宝首饰设计方式及以前的珠宝首饰设计概念，逐渐提升了自己的时尚首饰设计理念。此后，我赴伦敦皇家艺术学院学习，在那里取得了女装和女帽专业的硕士学位。这一求学经历令我产生了许多新的想法，为我的职业设计师生涯确定了不同寻常的发展路径。

开始设计作品时，您从哪里获得灵感？

对我而言，我可以通过各种各样的方式来发现灵感。我从最平凡的事情中可以找到灵感，从最令人兴奋的事情中也可以找到灵感。作为一个具有创造性的个体，我以解决问题为己任，例如，我总是环顾四周，看看物品是如何制成的，其构造是如何设计的，材料是如何放置于彼此相邻的位置等。给我最多影响的，是物品的制作过程以及外观、造型和数量，这些都让我着迷。

17—20. 斯科特·威尔逊在制作自己的珠宝首饰时，结合不同的表面加工技术，在光滑和粗糙之间寻求平衡。这种不同要素的结合凸显了斯科特·威尔逊设计的珠宝首饰所拥有的刻面多、表面反光度高的特点。

18

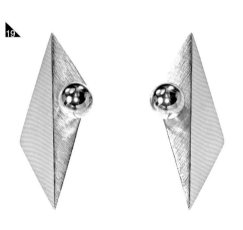

19

20

您的设计流程是什么样的？

我为各种设计项目而工作，我的设计流程因项目不同而有所不同，尤其是在与时尚品牌合作的时候，更是如此。一般情况下，我首先进行深入研究，旨在寻找设计方向，确定何种材料最适合体现设计项目的宗旨，并确定造型和核心外观样式，以满足总体设计的要求。

您如何找到所需要的部件和材料，为什么经常使用这些部件和材料来制作产品？

我最初确定的品牌理念帮助我决定是使用现成的部件制作产品，还是亲自动手从无到有制作这些部件或整个配饰。谈到用途，任何材料的使用都会受到某种限制，这当然取决于初始的品牌理念。例如，金属是非常通用的材料，使用各种技术可以将其制成任何造型。亚克力有机玻璃也是一种我最喜欢的材料，多年来我一直在使用这种材料，其用途很广泛。

每一季您如何开发设计您的作品系列？

生活不会停滞不前，灵感也是如此。认识到当今人们穿着打扮的潮流趋势，把握未来可能出现的潮流趋势，这一点非常重要。很多时候，我的系列作品的出发点就是某个特定的配饰，这个配饰包含了整个作品系列的创意轴心，然后我只是围绕这个轴心设计作品系列的其余部分。

斯科特·威尔逊（Scott Wilson）

这一工作的哪些方面是最容易得到认可的?

大胆的个性化作品，结合现代风格的造型或令人意想不到的拼接材料的方式，往往以直观形式呈现的作品。我的作品显而易见地运用了20世纪70年代的现代设计和建筑风格，注入了装饰艺术的精神。

当您与其他设计师合作的时候，是什么给您灵感?

我曾经在时装秀场与超过70位设计师进行合作。我的其他合作对象有托尼&盖（Toni & Guy）以及瑞士莲（Lindt）巧克力和雷佩托-巴黎（Repetto-Paris）鞋类品牌。每一次合作都各不相同，与特定品牌的关系会影响你如何决策、如何设计及设计什么。在合作过程中，你能够借鉴特定品牌的审美趣味，同时兼容你自己的个性特征。这为作品设计提供了无限的可能。只是自己独自设计作品系列的设计师则无法享有这种机会。

您能从委托定制的作品中学到什么?

特别委托定制的作品可能各式各样，可能有时间限制，可能带来经济支付能力方面的压力，在许多层面上都有其复杂性，往往还是一些你之前从未设计或制作过的东西。例如，我们最近为扎哈·哈迪德（Zaha Hadid）设计的、为表彰哈迪德在妇女建筑方面做出的贡献而授予的简·德鲁奖（Jane Drew Prize），是我至今为止设计的第一个奖品。特别定制的目的不仅是为了满足你自己的期望，也是为了符合别人的期望。除了委托定制，一名设计师能有什么更好的方法来测试自己的技能水平呢?

为什么配饰是展现时装系列作品特点的重要产品?

对于我来说，配饰可以超越服装，赋予设计师无穷无尽地诠释服装的可能性。配饰本身可以有些偏离常规，可以是极简主义的，也可以是超豪华奢侈的，以及这两者之间的任何形态。我相信，配饰可以令时尚系列作品更为丰富多彩，就像句子后面的句号一样，令人浮想联翩。

新的设计师可以从您的配饰设计经历中学习什么?

我没有什么陈词滥调可以说，我一直努力让自己对我自己设计制作的产品感到满意。我一直拥有试验和创新的激情，并且不担心出错。犯错误的过程可以是宝贵的学习过程，其价值丝毫不亚于什么都做对的时候。

21. 斯科特·威尔逊有效地协调采用对比色组合。在这些复杂的作品中，他将大圆环和锁链与编结成辫的金属混合使用。

构建作品组合的目的是为了展示设计师的技能、知识和最佳作品。作品组合不应该是静态的，或仅仅发挥资料档案的作用，而应当成为真正展示设计师风格个性的平台。随着设计师技能的逐步提升，组合作品应该侧重展示设计师在其所选择领域内的优势，这些领域包括：箱包、鞋履、女帽或珠宝首饰。

新设计师应该在其作品组合中展示全系列配饰，但是，随着设计师职业生涯的延续，自信的设计师将逐渐拥有自己的标志性风格。设计师必须创建灵活的作品组合，以满足不同场合的多种需要，包括：向潜在雇主演示作品，与个人客户会面时演示作品，演示过去的作品，并定期更新作品组合，以展示你在专业领域所拥有的新技能。

创建你的作品组合电子版

设计师工作时通常会采用计算机技术，用以创建作品组合。作品组合可以通过复印、扫描和拍摄的方式加以复制。采用排版软件设计作品组合，可以很容易地制作出电子格式版本的PDF或JPEG文件，通过电子邮件共享，或上传到网站上。

22—24. 由希瑟·史戴博（Heather Stable）提供的专业作品组合实例，演示了设计流程，从情绪板初始研究到产品系列表，展现了逐渐深化的设计思路。图片中展示了一件配饰的最终成品（左图）。

24

弹力针织连衣裙和带组扣的紧身上衣。老式的紧固性纽扣

上蜡棉与羊毛混纺的仿马甲式拼接外套，袖口配有可调节皮带襻。

麂皮围裙式罩裙，起紧固作用的系带和纽扣详图

皮背带与皮革口袋以及古典风格的黄铜扣

条纹棉衬衫搭配麂皮领以及前身两侧有头巾式肩挡布。

现代工匠/手工业者

作品组合的构成与内容

什么样的作品能够纳入到作品组合中取决于演示作品组合的目的。例如，你正在寻找你的第一份工作，或者向潜在客户或制造商演示作品，那么，你如何确定作品组合的构成至关重要。演示作品组合的宗旨是展示你所拥有的一系列技能。新设计师一般都会展示其作品的实例，以此演示设计过程。

草图本上具有强烈激励性的图像可以通过彩色复印的方式，与设计图、平面技术图纸、最终设计完成的配饰一起纳入作品组合之中。随图配文字说明始终是最有益的做法，这些文字说明是你在演示中忽然不知如何措辞时可以依靠的有用材料！

版式

提交作品时采用的版式取决于作品组合的类型，因此选择正确的实例、版式和尺寸至关重要。如果组合在很大程度上依赖有形的触觉型作品，那么，提交作品档案资料是上佳的选择。设计师还需要考虑作品组合文件的大小，因为许多客户、制造商和潜在雇主只有有限的可用文档存储空间。传统的塑料套扣眼活页夹拥有专业的外观，并能够保证作品整洁干净，是展示商务性作品的有效方式。组合中的作品应该遵循一以贯之的设计标准，所以在编辑过程中应该将未能契合标准的作品剔除，或对作品中的薄弱环节进行返工。为确定作品组合的节奏，必须确保在演示活动开始和结束时使用具有最强冲击力的作品。

单板设计

　　新设计师会在他们的研究和实践中积累许多不同领域的作品。因此，细心编辑作品信息是一项必须掌握的基本技能。自信的设计师必须能够判断出什么是最佳的、重要的和给人印象最深刻的作品。以整齐清楚的方式展示作品就是向目标受众传递清晰的信息。

目标和学习成果

　　为完成此项工作任务，必须使用现有的作品，建立单一的情绪板，以展示配饰设计过程。

设计任务

　　首先收集多个领域的作品，包括：激发灵感的图形、深化设计图、草图和设计说明、最终设计图及技术规格。编辑视觉效果图，只纳入与配饰相关的必要图像，确定情绪板的主要目标，如深化设计图或技术规格。

　　将单板划分成网格状——对称的区域为不一致的尺寸和造型带来统一性。将作品纳入一个合乎逻辑的网格模式，将既定情绪板目标放置于网格的焦点位置，最后加入标题和简短的作品描述。通过改变设计和规格扩大现有作品的适用范围，以适应不同区域的市场。例如，高端和独家配饰设计产品经过重新设计之后，可以面向大众市场进行推广；与之相反，也可以重新设计中端市场的潮流样式产品，以适应设计师高端品牌的要求。

　　从原有的配饰中仅限提取两个设计元素和功能特征，据此设计一个新的作品系列，以满足市场需求。创建设计方案，使之符合好、更好、最好作品类型的要求。在单板上清晰呈现设计图，并附有简短说明。

25

HATTIE
HIGNELL

Too much, too young?
selling over-sexualised

A Feral Collection

25. 哈蒂·希格内尔的野性作品系列的
情绪板展示了鼓舞人心的图像。

斯蒂芬·琼斯（Stephen Jones）

26

您为什么决定加入这个充满活力的行业？

这真不是我自己主动做出的决定，应该说我融入了其中。我并不是一开始就有很大野心，但不知何故，女帽行业选择了我。我总有这样一种感觉，认为设计女帽是在做正确的事情，这也是我喜欢做的事情。我曾在中央圣马丁艺术学院（Central Saint Martins College）修读时尚专业，在伦敦修读设计专业，但是我并不擅长缝纫。我当时在一个时装屋实习，在裁缝工作室学习提升缝纫技术，而裁缝工作室的旁边就是女帽工作室，这就是我入行的开始。我一直喜欢制作东西，从飞机模型到玩具，制作女帽也是如此。我喜欢缝纫剪裁用来裹住身体的东西。

女帽在哪些方面给您最多启迪？

吸引我的第一个因素是人。女帽行业的从业者都有一点点疯狂，是真正有个性的人物。人们通过奇怪的路径进入女帽行业，所以你往往会遇到来自世界各地、拥有不同背景的人，这是其中的迷人之处。人们前往这个国家（英国），表达自己的创意设想，这是何其伟大的事情。其次，女帽行业还有其随兴之处。拿起纸巾球，放在某人的头上，就变成了一顶帽子。如果你希望它是一顶帽子，它就是一顶帽子。帽子之中包含着非常有活力的东西。

您的创意想法起源于哪里？

当我开始设计一个作品系列时，一切灵感来自于理念。我必须有一个理念，无论是14世纪的苏格兰理念或是现代理念——实际上，在每一个醒着的时刻我都是如此。最近发布的一个作品系列被称为"海上中国风"，其灵感来自于赴英国布莱顿（Brighton）的一次旅行。我喜欢布莱顿那种融合了海边美景和具有象征意义的皇家楼阁的中国情调。大多数西方人认为，东方就是英吉利海峡和北海以东的地方，我喜欢西方人对东方的这种误解！我喜欢把玩小细节。灵感可以来自书籍、绘画、旅行和任何东西。我总是确保对一切持开放态度。我开始设计一个东西，然后开始围绕这个东西构建周围的世界。与此同时，我在世界各地制造商的公司研究面料，特别是意大利和日本。这就是我开始设计我的作品系列时使用的方法。

为什么配饰设计不同于服装设计？

我发现人们进入女帽设计行业，是因为他们不擅长绘画，因为他们更多是制作三维作品，如珠宝首饰或手包生产商或鞋匠，都是如此。另一方面，服装设计师很多都是从事二维设计工作，所以他们必须擅长绘画。时尚设计需要画出草图，但是女帽设计却是要倒过来。我喜欢拥有和使用多种表达手段，人们现在却越来越多地按照惯例对表达手段进行分类。看看20年或30年前人们能够做出的作品，与现在可以做出的作品相比，那时的作品更具有表现力。那时人们的穿着比今天大街上人们的穿戴要奢华得多。当然，服装设计中现有的某些标准和规定仍是女帽设计行业不必遵循的。

27.

从到伦敦的第一天起，斯蒂芬·琼斯就成为女帽设计领域最重要的风格开创者，他拥有雄厚的创作实力和一批能够真正领会这位大师的奇特设计意图的忠实追随者，包括凯莉·米洛（澳大利亚歌星）、碧昂斯·诺里斯（Beyoncé Knowles，美国歌手）和蒂塔·万提斯（Dita Von Teese）等。他设计的帽子样式被形容为具有现代、优雅和异想天开的意味。斯蒂芬最大限度地提高了材料的可用性，他设计制作的作品精工细琢——将梦想变为现实。

26—27. 斯蒂芬·琼斯使用大胆的造型和颜色，通过异想天开的设计炫耀惊人的技巧，其帽子比例与脸部尺寸极为相称。他设计的当代女帽最大限度地展示出一名设计大师所拥有的专业知识。

斯蒂芬·琼斯（Stephen Jones）

您是如何设计模型的?

初始设计之后，我们制作三维的棉麻布模型。我们工作室也需要模特进行试戴。在初始设计的基础上通常需要进行大量改动，这就是为什么使用模特试穿试戴是非常重要的环节。你可以想象你设计的配饰应该看起来是什么样子，但是你最终必须看到一个人穿戴配饰的效果：模特也能为配饰设计带来更多的东西。

您使用什么材料,为什么使用这些材料?

我使用各种材料，从塑料到超细纤维到那些能够亮起来的东西。我采用优质的、经典的材料，因为它们已经受过考验，如白色棉布和黑色天鹅绒。帽子与服装之间很大的区别在于，女帽可以使用不能水洗的面料。在直接加工成某种外观之前，可以采用适当的溶液对面料进行定型加工。

您的哪些方面的工作您认为是最易于为人们所认识和认可的?

最知名的方面是我的幽默和轻松，这带来乐观的感受。很多女帽没有任何现实意蕴，因为目的只是要娱乐戴帽者而已。

与其他设计师合作时,是什么给您带来启迪?

与其他人一起工作是令人着迷的。在合作的时候，我能够看到其他人的头脑是如何工作的，了解他们的所思所想，真是太棒了。我感到极其荣幸的是，我能和最佳的设计师一起工作，观察他们是如何做事情的，这总会让我从中吸取经验和教训。

您能从与私人客户的合作中学到什么?

为私人客户工作也没有什么不同，他们订购特殊样式的帽子，这种特殊样式正是他们自己想要成为的人的样子。你要倾听他们的需求，了解他们想要什么，因为这是他们为什么来找你的原因。但是，他们往往也乐于被引导，因为你毕竟是这个领域的专家！

为什么未来女帽会继续成为重要的配饰?

与服装不同，人们很少扔帽子。帽子与人们的关联度很大，是高度个人化的配饰，也是人们在公共场合佩戴的饰品。其他配饰你可以放在一边，但是你戴的帽子是你身体非常明显的部分，会影响你展示自己的方式，在正式的活动场合如此，在其他场合也是如此。

新设计师可以从您的从业经验中学到什么重要的经验教训?

毅力。当你在早上5点重新缝纫一件配饰的时候，毅力会派上用场。但是，你在工作的时候也应该有乐趣。谈到女帽设计，你必须首先为真正需要它的人制作帽子——为周围的人做帽子，他们会感激你。为假想的人设计帽子并不总是可行的方法，如果人们真正喜爱你的帽子，那么，你已经成功了。另外，要记住，要想获得成功，你不能自己完成所有的工作。我设计制作作品时需要调动其他人的积极性，这样工作才能步入正轨。老实说，如果你真正热爱你的工作，人们就会总是追随你。

28. 斯蒂芬·琼斯设计的帽子显现出细节精致和优雅的特点，展示了设计师拥有的无限创造力，激励了他同时代的设计师，并博得佩戴者的一致好评。

3

从意大利玛尼（Marni）2012/2013秋/
冬时装秀后台看20世纪40年代规整
的皮手袋外观。这款手袋配有沉重
的手柄和对比效果鲜明的图案。

所有配饰的制作方法都各不相同。配饰设计往往涉及对人们已经拥有和积累多年的技能和知识的传承。例如，欧洲——特别是法国、英国和意大利——拥有着几百年历史的、全球公认的一流的配饰制作工艺。制作技术通常代代相传，成为时尚品牌标志性风格的基础。

具有高度原创性的配饰只能源自于优良的创新传统，通过融合历经考验的技术方式来设计制作美丽的作品。如今，设计师糅合传统技术与新技术，在现有知识的基础上，进一步为未来传承和创新制作技术。将设计技术信息认真存档，也可以使新一代设计师能够了解品牌设计的传统，并有效利用配饰资料库提供的资源。

1—2. 通过使用几代前辈流传下来的传统方法，世界著名眼镜设计师奥利弗·戈德史密斯（Oliver Goldsmith）的设计理念在他的曾孙女克莱尔·戈德史密斯（Claire Goldsmith）的当代风格经典镜架设计中得到延续。

1

多年来，一些公司一直在积累和销售大量的工具。这些工具常常会由一代一代的手工艺者传承下来。这些工具是一种无价的资源，支持公司在其拥有专长的领域积累和传承日益增长的知识与技能。

本章着重介绍设计师在制作手包、鞋履、珠宝首饰和女帽时必备的工具。在他们的职业生涯中，设计师需要并获得许许多多这样的工具。这里介绍的工具是那些为制作配饰之目的必须要了解的用具。

配饰的模型主要使用平整材料制成，学习这些基本制作技巧非常重要，目的是为了解和学习更先进的技术打好基础。你可以从了解基本规则开始，进而观摩和学习有经验的从业者如何具体操作，从中汲取最好的经验教训。

你将从实践和实验中收获信心，从而不断提高技术水平。但是，你首先必须学会基本规则。然后，随着信心的日渐增长，你必须学会如何打破这些规则！

通过采用不同的制作方法，设计师可以取得相同的结果。本章将简单介绍可供配饰设计师采用的许多制作方法。

手包

　　手包制作与许多其他时尚产品，包括服装、珠宝首饰和其他配饰的制作很类似。手包的设计可以很复杂——如使用许多组件或硬件——也可以非常简单。手包制作工具是基本的配饰制作工具，但这些工具都必须能够帮助设计师制作出美丽的配饰。在应用创新技术的同时，设计师仍然在不断探索和开发使用这些工具的传统技术。

基础材料

皮革
有种类繁多的皮革可供选择，从最常见的牛皮到更多的充满异国情调的皮革，如鳄鱼皮。必须经常核查皮革的来源，以确保没有错误采购使用濒危物种动物制作而成的皮革原料。

织物
用于制作手包的织物通常具有足够的强度和厚度，以便承载重物。

帆布
可用帆布的厚度规格范围很大，有天然和合成纤维织物，用以支持和保持皮革或织物的造型。

3. 李·玛特科斯（Lee Mattocks）正在他的工作室中演示他设计的风格古朴的白色皮包。

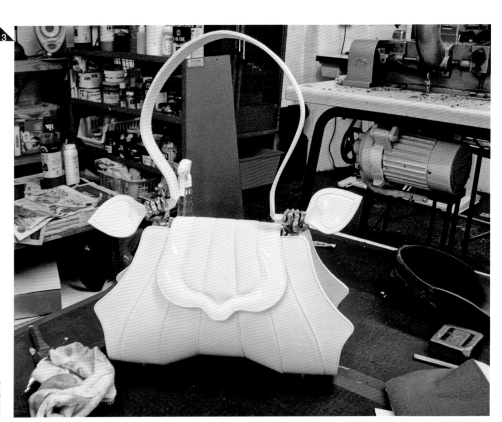

制作工具

锥子
这一工具用于不露痕迹地做出标记和钻挖较大的孔。

图样设计纸和纸板
绘制图样是一个漫长的过程，需要使用图样设计纸和纸板，以便准确地按照纸样在皮革或织物上描出图案。

框架
有多种不同造型和大小的框架可供选择，以适应所需设计制作的手包类型

环圈
有许多造型的环圈非常牢固，用以固定背带或手柄以及承受超负荷和磨损。

打孔机
各种大小的打孔机都是极好的工具，用于打制尺寸统一的孔眼。

手包扣件
有多种类型的扣件，可用于满足特定手包或特定功能的要求，包括拉链、拴扣和钩扣。

木锤
可用于进行所有类型的操作，包括将硬件固定在包上，或敲击露边的接缝，确保外观平滑。

缝纫机
缝纫机必须足够坚固耐用，以便处理较厚的布料和较硬的皮革。要定期检查缝纫机零部件的性能。

钳子
用于弯曲金属件，如环圈，或者将硬件固定在手包上。

阿诺尔多][巴托斯二人组（Arnoldo][Battois）

4. 西尔瓦诺·阿诺尔多和
马西米利阿诺·巴托斯

　　西尔瓦诺·阿诺尔多（Silvano Arnoldo)
和马西米利阿诺·巴托斯（Massimiliano
Battois）是阿诺尔德][巴特斯设计师二人组
的设计师。该设计师二人组成立了一家当
代配饰公司，专注于对手包上错综复杂的
细节和现代加工技术进行精工打磨。作为
米拉·舍恩（Mila Schön）、皮尔·卡丹
（Pierre Cardin）和罗娜·比吉欧蒂（Laura
Biagiotti）等各大品牌的设计师，他们经
受了这些品牌带来的高级时装和成衣制作
理念的专业培训。他们的配饰制作理念则
产生于与罗伯塔·迪卡梅里诺（Roberta di
Camerino）合作的过程中。

你们是怎么开始在这个充满活力的行业中工作的?

我们是在威尼斯国际大学建筑学院相识。有一天坐在教室的课桌前,我们发现我们对进入时尚行业都有强烈的渴望。所以,我们开始接受设计专业的训练,从事设计领域的工作,并前往米兰成为米拉·舍恩的高级女装公司的工作人员。我们当时通过这种方式获取时尚行业的工作经验。随后我们又加入马尔佐托集团(Marzotto Group)、雪莱(Scherrer)、卡丹、罗娜·比吉欧蒂和芮妮·乔薇拉(René Caovilla)品牌公司,积累了进一步的工作经验。这些经验自然融入到我们和罗伯塔·迪卡梅里诺合作的过程中,成为我们提升创造力和共同发现新激情的基石:手包设计。

什么促使你们决定建立自己的品牌?

当时我们俩面临的问题是:"下一步怎么办?"于是,在2010年,我们建立了自己的品牌阿诺尔多][巴托斯。我们希望获得进一步的认可和较高的知名度,但是我们也意识到凭借我们自己的能力是无法做到这一点的。当时在配饰类比赛中,我们是三位进入决赛的选手之一,这使我们增加了恢复配饰设计工作的信心。2010年9月的米兰时装周,由意大利版*Vogue*和美国版*Vogue*在莫兰宫(Palazzo Morando)举办的活动中,我们在弗兰卡·索萨妮(Franca Sozzani)、安娜·温图尔(Anna Wintour)和一些最重要的时尚界名流的注视下展示了我们的2011春/夏作品系列。

你们的灵感来源于哪里? 你们是怎样设计模型的?

我们工作的灵感来源非常不同,但创意想法诞生于不同灵感的聚合之处。每一个引人注目的细节和微妙之处都可以重新组合、重新呈现。此外,自然界与建筑元素不断地影响着我们的系列作品及其造型、颜色和纹理。

什么是你们的作品系列中最重要的特征?

在我们所有的作品中都可以发现的元素是我们与威尼斯的联系。我们出生在这个迷人的城市,也是在这个城市,我们又因为罗伯塔·迪卡梅里诺而相遇。尽管在意大利和其他外国城市,我们收获了不同的经验,但是我们之所以选择在威尼斯制作系列作品,创立阿诺尔多][巴托斯品牌,是因为我们对这个城市抱有牢固的情感,而我们似乎并不随时间的推移而忘怀这种情感。威尼斯拥有丰富的历史积淀和文化底蕴,威尼斯共和国的辉煌、马可·波罗的游历与过去知识分子和艺术家的生活方式不断为当代文化注入活力。

5—6. 阿诺尔多][巴托斯推出的软皮手包,使用柔软的叠缝、褶裥和巧妙的缝合,创造出独特的廓型。
7—8. 这些手包使用独特的色彩,彰显出手包的独特形态和柔软褶皱。

阿诺尔多][巴托斯二人组（Arnoldo][Battois）

你们的设计流程是怎样的？

将我们俩结合在一起的因素是，我们都认为创造性的行为是一个复杂的"建筑群"，需要尊重其结构和规则：我们一直寻求在形式与内容之间达成统一。我们的差异成为每一个项目的成功之处。创造性的思想交锋是我们独一无二的特色，并最终使我们制作出出类拔萃的作品。作品系列的主要内容包括材料和颜色的选择，通常是我们广泛讨论和辩论的结果。为设计制作系列作品，我们对双方强调的问题进行处理、分析和总结，然后给出最后的结论。

你们是怎么找到原材料的？

阿诺尔多][巴托斯作品系列完全是在意大利制造的。在里维埃拉·德尔布伦塔（Riviera del Brenta）（威尼斯）拥有百年历史的传统知识，使我们能够创造出具有优良品质的独特作品。我们采用多种多样的材料，但是所有材料都是在意大利生产和加工的，从天然深色染料染色的软羊皮到苯胺里染料染色的牛皮以及上蜡蟒蛇皮。即使是内衬，我们也试图采用专用的丝缎。

是什么细节激发了你们的系列作品设计灵感？

我们的理念是注重细节，寻求创新解决方案，如通过手工处理，让你重新发现传统的意大利产品的精髓。威尼斯持续为我们提供令人迷恋的新细节，包括蜥蜴、螃蟹和黄铜大象：例如，老式的威尼斯门引领我们制作出特别或不寻常的门襟；阿森纳造船厂（Arsenal，威尼斯的心脏）为我们提供了制作手柄的细节和灵感，那些船的顶部可能又会启迪我们使用柔软的羊皮皮革制作出符合人体工程学的手柄。

哪些是配饰设计师必须考虑的要素？

不断变化中的物件必须适应不同的情况，特别是手包，通常被设计成适合于独立携带的配饰，而无须考虑身体的比例和动力学。然而，我们认为，这些配饰应该考虑人们身体移动的姿态，组合使用不同材料，以此来定义自身的风格和效用。

阿诺尔多][巴托斯未来会如何发展?

我们正在整合阿诺尔多][巴托斯的手包作品系列，还有一个构建成品系列的新项目也正在进行中，我们以此展现和改造我们制作的配饰的特征。服装将被设计成手包的配饰，其灵感源自人体周围的、影响人体基本结构的各种造型。

9—10. 阿诺尔多][巴托斯在这些手包中同时采用软与硬的材料，将重金属紧紧地夹在柔软的皮革之中。

11—12. 灵巧地纳入接缝中的霓虹管发出光亮，映照着用来制作手包的柔和皮革。

13—14. 激光切割的有机玻璃重新诠释了古典设计，与水鸭色皮革形成大胆的反差。

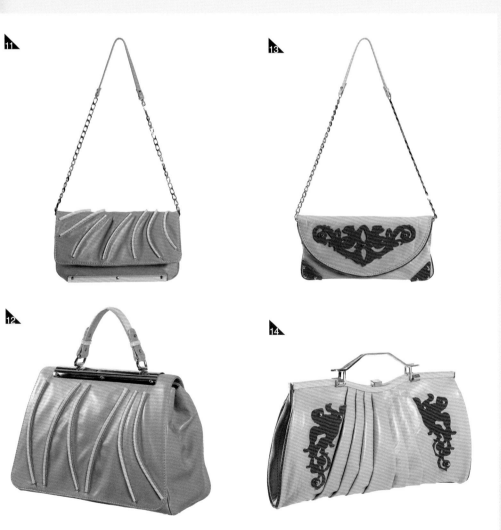

鞋履

制作鞋履的工具一般都非常坚固耐用。大型工具用于制作精巧细致的鞋，包括最重要的工具"鞋楦"，以及能够长久钉住鞋履部件的最小的钉子。新技术的发展进一步扩大了制鞋设备的范围。

下面具体介绍制作鞋履所需要的主要工具。除此之外，拥有高技能的鞋履设计师和鞋匠也在使用更多的其他工具。

鞋楦

鞋楦是制作鞋履时需要使用的非常重要的工具，是制鞋匠塑造鞋靴的模型或修理鞋靴时使用的模型。左、右脚需要的鞋楦模型和尺寸不同。每只鞋的鞋头模型不同，鞋跟的高度也不同，因此需要模型和尺寸不同的鞋楦。每只鞋都需要制作一个鞋楦。传统的鞋楦使用木材制成，但塑料鞋楦正变得越来越受欢迎，因为制作塑料鞋楦速度更快，生产成本能够显著降低。

基础材料

皮革
制鞋行业中使用的最重要的材料，范围涵盖最普通的牛皮及最昂贵的鳄鱼皮和山羊皮。

织物
所有类型的织物都可以用来制作鞋履，确保鞋履具有多种功能，包括纯粹的装饰功能。人们基于新技术的进步而发明制造了高度创新型材料，可以用来设计制作运动鞋，带来更多的舒适感受和透气功能。

衬布
合成纤维和天然纤维衬布为所有类型的鞋履提供了舒适和温暖的感受，包括工作靴和运动鞋。

帆布
合成纤维和天然纤维帆布用于支撑织物和皮革，以保持鞋的造型。

15. 木制鞋楦是制作大多数鞋履的基础工具

制作工具

鸟嘴钳/鞋帮钳
鸟嘴钳用于拉紧皮革，使之紧紧覆盖鞋楦及延伸区域，以防止起皱并保证表面平整。

鞋锤
小金属锤，用于完成一系列工作，包括锤钉子、连接鞋跟与鞋底、连接相互黏合的部件

皮革槌
使用皮革槌的目的是避免留下加工痕迹和破坏材料表面。皮革槌可用于完成多种工作，如平整和做出明显的折痕。

钉子
可提供许多种类的钉子。使用钉子可以将不同部件临时和永久地连接起来。

黏合剂
黏合剂用于永久连接不同组件，包括皮革黏合剂和合成材料黏合剂。

圆形旋转裁刀
圆形旋转裁刀可以切割较厚的皮革和织物，但必须与自愈切割垫板一起使用，以免损坏表面。

制作工具

珠宝首饰

　　本书讨论的配饰中，珠宝首饰是需要使用制作工具最多的配饰类型。使用工具的目的是为了节省时间和精力。然而，一个作品系列是设计师多年积累的作品组合，见证了设计师技能不断提升的过程。制作工具可以是基本用具，也可以是很昂贵的（就其质量而言）用具。如果工具得到很好的保养的话，大多数工具可以持续使用很长时间。

　　最重要的是工作区能否拥有良好的照明条件和一个高工作台，以避免受伤。因此，建立一个工作区，安排好工作中需要使用的设备是珠宝首饰制作过程中至关重要的环节。

操作台和砧座
使用操作台和砧座的目的是在制作过程中稳定珠宝首饰。

可调式锯和锯条
必须有尺寸足够大的框架，以便围绕作品操作。需要有各种锯条完成不同类型的工作，包括制作复杂作品所需要的精细锯条。

其他常用设备

戒指棒（亦称戒指铁或戒指芯轴）
指由底面圆周逐渐聚拢到顶点的钢锥，用于制作环状戒指。

球形冲头
与球状冲座一起使用，黄杨木或钢制冲头用于制作半球状造型。冲头表面必须光滑洁净，以保证首饰表面完美无缺，因为任何损伤都将直接影响正在处理的珠宝首饰的品质。

酸洗溶液
硫酸用于从珠宝首饰中去除杂质，如污渍等。因为硫酸具有很强的腐蚀性，所以，请注意：在硫酸中加水，会使硫酸发生危险反应。因此，请记住：一定要先加水再加硫酸！

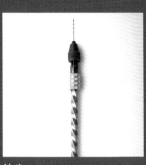

钻头
操作电钻和手钻只需要施加非常小的压力。钻头用来在不同的材料中钻挖各种尺寸的孔。

螺丝刀
有多种不同规格的螺丝刀可供使用。

金属锤
用于塑造和平整金属表面，也可使表面光亮平滑。

钻头
可根据大小选择可用钻头。麻花钻头是最常见的钻头，可顺时针旋转钻挖出孔眼。

铁剪
用于剪切较大片的金属。

木槌
用于拉伸、捶薄和捶平金属，以增加长度。也可用于轻轻槌打配饰，同时避免在材料上留下痕迹。

锉刀
有大小和细度不同的多种类型锉刀。

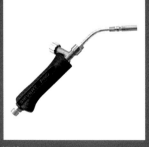

焊枪
用于加热金属和其他材料，也用于焊接。

女帽

　　用于制作女帽的工具差别很大，从大木块到很细的针。对不同类型的有檐帽或无檐帽来说，一些工具会比另外一些工具更重要。新的女帽设计制作技术扩大了人们使用工具类型的范围，因为设计师们不断尝试采用新材料。下面主要介绍新设计师可能需要使用的主要工具和基础材料。同时，也有许多不同的其他类型的可用技术、设计和功能，你可以自己对此进行进一步研究。

16

基础材料

基础织物和材料
用于制作女帽的织物传统上包括毛毡和稻草，但是现在还涵盖了各种其他材料，包括塑料、重量轻的金属。

硬衬
硬衬有宽松或紧密多种织法。在材料的表面上不等量的浆料，使之增加可塑性。材料湿润时柔软，干燥时僵硬。

网状织物
熨斗的高温和蒸汽可以将其软化，覆盖于帽子模型上，使之干燥后仍能保持造型。

松紧带
有宽和窄的品种，用于固定配饰的不同部分。

滚边条带
斜裁或斜织的滚边条带用于包覆外露的边缘和金属丝，带来舒适和安全的感受。

16. 斯蒂芬·琼斯的女帽工作室收藏了大量木质帽模和丰富的历史资料。

制作工具

帽模
较重的帽模通常使用木材制作，有不同大小和模型，体现有檐帽或无檐帽的类型和风格。如果需要的话，另有独立匹配的帽檐模型。

剪刀
有多种大小和外观，适于特定的用途，包括织物剪刀、纸和纸板剪刀、小的修理剪刀和绣花剪刀。

女帽用金属丝
可提供多种粗细且用棉线包缠的金属丝，用于固定帽檐边缘或相关部位和部件。

衬里
柔软透气的面料，用来隐藏毛边，保持帽子内部齐整。

缝纫机
为入门者提供的性能良好的缝纫机，具备供一般家庭使用的灵活功能。工业用缝纫机适用于工厂商业化生产。

硬挺剂
硬挺剂可使织物具有身骨，一般用于刷涂或喷涂织物。

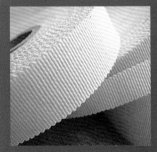

佩特香棱条丝带（帽子边饰）
佩特香棱条丝带经熨斗熨烫后可以拉伸和收缩，以适应帽檐边缘的曲线。

针
各种具有特定用途的手工缝纫针，有细针、长针或弯针。

手包

手包可以是简单单一样式的配饰，也可以是结构非常复杂的配饰，其中可以包含许多更小的部件。在制作手包时，可以首先选择合适的必备硬件或装饰件。

图样制作

用尺子和三角板在图样设计纸上度量尺寸，确定手包的大小。可以采用重磅卡片纸或塑料制作适用于各种款式的多个基础模块。手包的每种款式都有一套专属的独特模块。沿着图样的边缘添加缝口，注意在一些特定的部位须小心操作，如边角部位需要更小的宽裕度，以缩小边角部位所占的空间；但边缘部分容易磨损的织物则需要留出较大的缝口宽度。

手包图样可以先采用纸板或毛毡制作，以便使设计师能够判断手包的造型、结构和大小是否符合设计要求。图样的尺寸和存放位置可能受到皮革尺寸的限制，这是在图样制作的早期阶段必须考虑的因素。

剪裁

剪裁需要技术。根据图样在皮革或织物上用粉笔精确地画出图形。使用非常锋利的织物剪刀剪裁画好标记的图形。也可以使用更为灵活的旋转裁刀，旋转裁刀尤其有利于精确剪裁皮革——剪裁皮革时所犯错误的代价可能是非常昂贵的！商业化大生产需要使用带锯机一次性裁切多层织物，而操作带锯机等机械需要特殊的技巧。这种使用带锯机等机械裁切的方法精确度不高，只在剪切较大图形时才有用。

将剪裁后得到的各个部件缝纫在一起，组装制作成手包成品，同时注意剪掉缝口内微小的剪切痕迹。

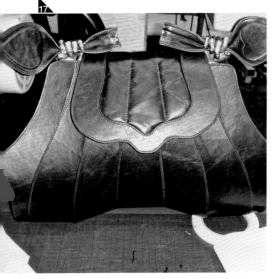

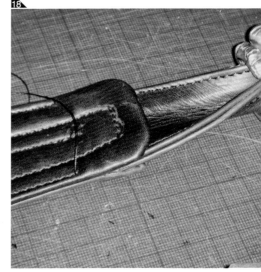

组装

开始时，必须精心策划组装操作顺序，确定手包是完全由手工组装成形，还是使用机械生产线大规模组装制作成商业化产品。经验丰富的机械师能够快速组装制作手包，但新设计师通常选择进行小批量生产。

在组装制作阶段，最重要的是要为组装制作时操作难度较大的手包附属部分准备好框架和其他硬件。对需要框架的手包（尤其是硬边手包），首先必须完成框架构建工作，然后再使用皮革黏合剂（也可以是缝钉）将皮革牢牢固定。在这个阶段需要置入填充材料，以制造出凸起或其他效果。还需要置入加固材料，如帆布，以保持手包的造型。

缝制

如果使用机械组装制作手包，简单的平缝机就可以执行最基本的缝制任务，但前提是平缝机能够缝制皮革，可以容纳相应型号的缝纫机针，并配有特氟龙®涂层的压脚或同步压脚缝纫机，以防止皮革黏附或拖曳较厚物料。

手工组装缝制手包是一个漫长的过程。使用鞍形针脚预先制作出间隔距离精确相等的小孔，用两根针来回交替穿过小孔的缝制技术，是一项颇为流行的高品质手包的制作技术。采用这一技术可制造出表面对称的效果，因为两侧的缝纫线都能完整呈现。蜂蜡可以用来加强缝纫线的牢固度，避免线的缠结。提前使用皮革或织物废料进行缝制手包的练习，可以确保在缝制最终产品时很好地控制缝纫张力。

17. 图中展示的是第88页附图中李·玛特科斯设计演示的手包样本原型。这一样本用于检查设计制作中的手包的比例和廓型是否符合要求。

18—20. 皮革样品检验员凯蒂·哈丁（Katie Harding）对李·玛特科斯设计的手包成品进行最终修饰。

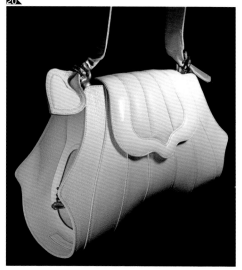

鞋履

鞋履制作始于几个世纪前，许多传统的鞋履制作技术一直延续到今天。从古罗马时代保存至今的鞋楦为我们提供了早期鞋履制作技术的线索。今天，先进的技术使制鞋速度加快，但图样制作、切割、组装、制作鞋楦、制作鞋底以及表面加工工艺的原理（下面我们将探讨这些内容）仍保持相对不变。尽管如此，人们对鞋履模型的需求各不相同，不同性别对鞋履模型的需求也不相同，这些仍要求鞋履设计师使用复杂的制作方法。

制作鞋楦

使用单块木材制作鞋楦可能是制鞋工作中最复杂的组成部分，需要经过多年的实践才能练就过硬的技能。传统上，技术工匠切割木材，用于制作鞋楦。鞋楦的模型、样式、大小和其他特性必须与需要设计制作的鞋履保持一致。此阶段手工制作费时费力，而使用现代机械则可大大缩短这个过程所耗费的时间。

计算机辅助设计进一步缩短了制作鞋履所需的时间。无论制作鞋楦使用的材料是木材还是塑料，设计师对使用计算机软件制作的鞋楦都可以加以调整。这种方法的较强适应性为设计师提供了灵活性，使他们可以迅速改变制作风格。对上述两种方法而言，其共同点是，无论每只鞋、脚、鞋码、风格和特点怎样，鞋楦都是必须制作的组件。

纸样制作

鞋的纸样制作是将一个二维图形转化为三维配饰的过程。裁剪皮革需要使用平面纸样。常用的一种方法是用纸覆盖在鞋楦上，并用胶带将覆盖纸固定在鞋楦边缘，然后将根据要求设计出来的图样绘制在覆盖纸上。沿着设计样式的线条剪裁，然后仔细剥离胶带，将覆盖纸粘贴到制作图样的纸张上，即可以复制出平面纸样。

此时将纸样划分为不同等级，确定出一系列标准尺寸。定制鞋的鞋楦纸样必须满足特定客户特有的要求，因而不能划分等级，也不能用来为足部尺寸不同的另一人制作鞋楦。在这个阶段制作的纸样，随后将用于制作金属模具，以便进行大批量生产。

21—22. 借助各种塑料鞋楦、纸制鞋样开始呈现出鞋的造型。
23. 第一个样本原型使设计师有机会仔细查看鞋子的比例、大小和适合度。

切割

　　将图形样片小心地放置到皮革上，放置时要避开高度可见部位出现瑕疵。根据图样用粉笔描画，标记每一块样片，以避免以后混淆。手工切割，也被称为"点击"，操作时需要非常小心。在皮革上选择适当部位进行切割是至关重要的，因为皮革的每个部位都有所不同。薄弱和硬实的部位用于制作鞋子的不同组件。使用模具切割，指使用自动化机械或由操作员一次性手动切出多层皮革材料。

组装

　　将所有鞋帮组件在组装间组装起来。可以手工缝制，也可以使用机器缝制，还可以在缝口边缘使用刨子，削薄皮层，以减少皮革的厚度。然后将这些组件缝制在一起，加上衬里和衬布，以增加保暖性和舒适感。鞋带孔眼和以后很难增加的小部件也在这一阶段同时组装制作完成。

入楦

　　将组装成形的鞋帮置于鞋楦上，然后拉伸，初步构建鞋子的外观样式。由于对组装质量的要求不同，在某些情况下，为满足特定要求，鞋底的贴合可能成为劳动密集型工作，需要使用许多钉子将组件固定到位。然后使用接合剂贴合鞋帮。此时，操作员需要同时贴合其他组件。

合底和后整理

　　给鞋履装上鞋底被称为"合底"，这是一个固定不变的加工环节。之后，必须用胶水和钉子安装鞋跟。在这个环节，确保牢固耐用是基本要求，因为该部分是鞋履承受磨损最多的部位。后整理，指鞋履制作后期对鞋子整体细节进行最后的检查、清洁和修整。必须对皮革表面进行抛光，使之产生光泽，此时可以使用化学溶液，为表面提供额外的保护，使鞋子拥有防水功能。

珠宝首饰

制作珠宝饰物是一种古老的手工技术，其原理和材料至今已沿用了数千年。由于所使用材料的特殊性质，制作珠宝饰物成为一项具有挑战性的工作。此外，使用金属和宝石制作饰物的工作无法像制作其他配饰一样预先制作出样本原型。从简单的结婚戒指到带有许多接合部件的结构复杂的项链，很多首饰的制作技术属于仅适用于制作精致珠宝首饰的独特技术工艺。

金属可以液化的特点凸显了这种材料的灵活性。此外，宝石不仅价格昂贵，硬度也较高。所以，在正式制作前，操作人员使用价格便宜的石头进行前期培训和练习是非常重要的。下面我们将进一步探讨珠宝首饰的基本制作技巧。

切割

在切割金属时可以采用几种方法。剪刀和裁切机是剪裁大块材料时可选的实用工具，但不适用于复杂的操作，因为刀片的压力容易扭曲材料边缘部分的模型。雕花锯是许多珠宝首饰制作工匠首选的工具，因为雕花锯具有较高的加工精度。初学者在使用雕花锯之前可以预先进行练习。之所以称之为锯，是因为雕花锯的刀片很薄，并且可以通过一个导孔被安装到框架上，从而由内侧切挖孔眼；可以将雕花锯放置于合适的位置，以便切割边角和弯曲处；也可以将雕花锯倾斜至一个角度，以便切割出斜边。记住：使用雕花锯时，操作冲程动作必须长而完整，向后的冲程完成实际切割动作，而向前的冲程将重新定位刀片位置，以便为进行下一次切割做好准备。

钻孔

钻孔机可以钻挖小型和大型的孔眼。

首先必须标记钻孔的位置，然后选择可以用在金属或其他材料表面钻孔的钻头。如果饰物非常小，可以将其放置于稳定平坦的表面，用手固定其位置。如果使用较大的钻孔机械，则必须将饰物放置于木板上。始终确保饰物的位置固定不变，因为钻头可能移动饰物的位置。

锉

锉可用来缓慢锉去金属，以此平整粗糙的边缘或塑造其他部位的造型。精致的饰物需要使用细锉，而较大部件则可以承受粗锉带来的压力。操作手锉时必须采用缓慢的长冲程动作，以确保大面积材料在此阶段不会变形。一旦金属被锉去，操作手锉时所发生的错误则难以纠正。

焊接

焊料的熔点温度低，可以用于接合金属。液态焊料在接缝之间流动，由于质量轻，（受热的）液态焊料可以抵抗地心引力，向上流动。焊接过程必须包含清洁和熔解的环节。先加入焊料，保持清洁，然后加热、冷却，最后需要将已经完成的饰物清洗干净。

硬钎焊是珠宝首饰制作中使用的优良的焊接方法，因为焊料的牢固度和含有的贵金属的比例较高。涂上焊接剂以接合需要焊接的部分，焊接时也需要注意保持清洁。将焊料放置于饰物之上，加热熔化焊料，然后焊接部件。如果在操作时能够专心致志并运用技巧，那么，这种方法可以制造出不露痕迹、牢固和永久性的上佳表面处理效果。产品冷却后，将其放入酸洗溶液，去除多余的焊剂。

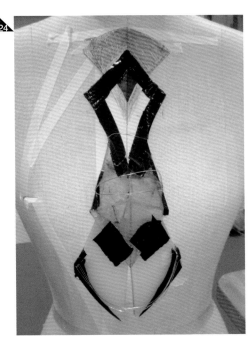

弯曲

为避免损坏饰物，手工弯曲法是弯曲金属组件最好的方法。如果金属或其他材料过于强韧，也可以使用钳子弯曲金属组件。使用退火工艺可以软化金属，也就是加热金属，直到金属变得柔韧，此时金属通常呈现出暗红色。然后让金属略微降温，则可以使金属变得弯曲。此方法不会损坏金属。对坚硬的金属使用强力会使金属变得脆弱，变得更容易破裂。所谓"加工硬化"技术，指使金属在经过加工后质地变得更硬。最后，必须说明的是，在一般情况下不得使用钳子扳弯金属。

锤打

针对不同材料的特定需求，必须使用不同尺寸的锤子。木锤用来压扁和拉伸材料，金属锤用来弯曲和平整材料表面。锤子各有各的不同具体用途。练习时，可以使用锤子锤击金属表面，锤击不同区域的金属和材料，体验金属独特的反应方式。受到锤击的材料表面必须能够承受得住锤击的冲击力。记住：任何锤痕都会转移到金属之上。如果需要制造精心设计的表面加工效果，那么只能选择使用有特定结构的锤子头。

表面加工整理

珠宝首饰制作的最后一个步骤是对其表面进行加工整理，制造出所需的外观效果。粗糙金属既可构成具有较高光泽度的表面，也可构成亚光表面。表面加工整理可以去除锤击或此前操作带来的痕迹，并应该对边缘进行加工，使其外观平整，以此提供舒适感和安全感。高等级精细砂纸和锉，以及更大型的机械，可以用来制造各种特定的表面加工效果。

24—25. 凯特·玛科斯精确切割有机玻璃，其组装制作出的珠宝首饰令人称奇，成为珠宝首饰中的经典范例。

26. 意大利服装名牌克里琪亚（KRIZIA）
（2012春/夏）发布的可弯曲金手镯。精心
设计的接口相互卡扣在一起，成功地实现
了功能和装饰之间的平衡。

27. 让·保罗·高缇耶（2011春/夏）
创意制作的带有功能性钩扣的连接坚
实的项链，混合了当代设计及设计师
本人标志性的幽默风趣。

女帽

制作简单或复杂的头饰纯粹依靠卓越的手工技巧。除此之外，女帽设计师还需要了解配饰的二维设计图，并想象出成品的三维样式——从平面图样到已经制作完成的成品帽子。当今女帽设计师已经在尝试使用新型材料。由于数百年来新型材料层出不穷，所以在今天的制帽材料中，稻草和毛毡等传统原料与金属、塑料等合成材料数量相当。制作有檐帽或无檐帽需要制模和手工操作，最精致的作品需要引线缝纫的次数达数以千计，需要投入的工作时间达到数百小时。

28—32. 在斯蒂芬·琼斯的女帽工作室，帽子制作正在进行中。设计师利用帽模（帽楦）伸展并塑造织物的造型，打造立体头饰。

制作图样

制作平面图样可能因为配饰的特殊性质而变得困难。如果已知确切的头部尺寸，则可以初步画出帽冠的剖面图。首先将头部尺寸按要求划分为所需要的剖面，留有至少3厘米的放松量，以确保制作出的有檐帽或无檐帽不会太紧。根据头部尺寸绘制帽冠高度，在距离边缘7厘米处将各剖面弯曲成弧形。裁切出平面图样，将图样放置到帽楦或头部模型上，以检查其形态是否符合要求。要完成制作流程，必须校准初步绘制的图样，制作出最终的样本，并在两侧添加与尺码对应的对位刀口。图样上的条纹或印花的制作也必须在这个阶段完成。

为制作帽檐，必须围绕尺寸正确的头部模板画出轮廓。根据规定的尺寸和模型，画出帽檐的边缘，在前中心部位和后中心部位画出标记。小心裁切出前头部模板标记的中间部位和外侧边缘。将裁切取得的图样部分放置在头部模型上，重叠后面中间部分，以制作出弧形帽檐。为进一步弯曲帽檐弧度，必须每固定间隔一段距离重复使用前述制作技术。然后校准初始图样，制作出纸制图样样板。

使用帽楦制作帽子

通过定位经纬线和沿45°角轻微拉伸斜纹，可以确定织物的纹理。使用帽楦制作帽子是指将织物放置于帽楦上用以确定帽型。必须使前部中心和后部中心与织物纹理保持一致。许多帽子可以使用三层面料：内层和基础层面料用以确定帽子的结构，在看得见的外层部分使用时装面料。

将每一层织物分别放置在帽楦之上，然后用松紧带将其固定。采用蒸汽软化织物，并用大头针固定边缘。待织物完全干燥变硬，以此支撑帽冠的造型。重复处理每一层织物，然后准确测量帽冠的深度，用粉笔在边缘画出标记，修剪多余的部分。

缝制

将帽冠从帽楦上取下，沿着修剪过的边缘倒匀缝，以固定三层织物，并采用斜纹织带覆盖毛边。可以使用三种方法将帽檐安装到帽冠上：内侧帽檐边缘可以放置于帽冠的上方、下方或两边一起缝，然后将其由内向外翻出。选择最合适的安装方法，沿着确定线路缝纫，确保留下手工缝或机缝的缝纫。修剪掉毛边，隐藏接缝，展露装饰特征。缝合汗口条，增添舒适度。缝纫斜纹织带，或使用与帽檐相同的斜裁布条滚边。

制作样本原型，指使用与最终使用的材料具有相同属性（包括重量、厚度和强度）的替代材料，制作出指定的模型和样式。对于手包而言，可以使用卡片纸或毛毡而不是昂贵的皮革来制作样本原型。鞋履则可以用重磅纸在鞋楦上制作出鞋履样本原型，而鞋履样本原型可以提供关于鞋履最终成品样式的视觉引导。使用样本原型制作珠宝首饰较为困难，但珠宝首饰制作过程必须精心策划，避免出现代价昂贵的错误。帽子则可以使用卡片纸或廉价的西纳梅麻布（Sinamay）来制作。

尺寸

对箱包而言，尺寸不太重要，通常仅对箱包容纳一般人能够携带的物件数量进行限制，或对箱包承载物件的重量进行限制。手包的设计目的可以是携带最小数量的物件。与此相反，手提旅行箱包必须能够承载和容纳大量的财物。

制作鞋履的样本原型有助于确定鞋子的尺码是否正确，避免出现切割名贵皮革的尺寸大小不正确等代价昂贵的错误。对鞋履而言，分级是一个重要元素，目的是创建标准尺寸规格，也可以为客户制作定制鞋，而此时尺码的大小将仅适用于客户本人。

对于珠宝首饰而言，主要考虑的因素是戒指，因为戒指制作使用标准化尺寸。必须确保在佩戴戒指时，佩戴者有足够的舒适空间来调整其位置。对于项链而言，与脖颈的吻合度很重要，虽然实际制作出来的项链长度各不相同，其原因也可能是为了制造美观的视觉效果。

帽子必须牢固地贴合在头部周围，因此，应该仔细测量头部的围度。帽子拉伸器通过使用蒸汽加工和细心拉伸来调整帽子的大小，但是这一技术必须小心使用，以免帽子走形。帽子可以配有可调节的饰带，以增加其灵活性，也可以以此缩小或扩大帽子尺寸。

33—37.玛罗斯·谭博玛尔在制作鞋楦及模具时采用快速样本原型制作技术，为其创新鞋履设计工作提供支持。

快速制作原型样本

人们最早是从20世纪80年代开始开发制作快速样本的，用以加快构建模型的过程。现在，许多不同行业都在广泛使用样本原型设计制作技术。虚拟设计提供了使用这种技术的基础，通过建立薄的横截面来制作虚拟模型。该方法被应用于工程设计，同时也可用于配饰生产的许多方面，特别是商业化生产。快速制作样本原型是一个高技术领域，可以大大降低制作配饰所需要的时间。

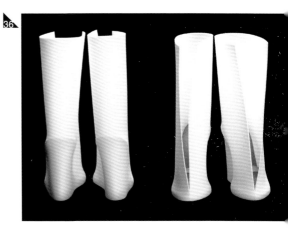

定制生产

　　定制生产，指全手工制作、全机械制作或兼用这两种方法制作"每款一件"的配饰。在配饰行业，定制生产很重要，因为定制生产是非常个性化的私人物品制作方式，其中一些配饰需要经过成百上千次的手工缝制和数百小时的劳作才能制作成功。通过配饰制作实践，世界各地的工匠将那些拥有百年历史的传统技术不断传承下去。

　　使用高档精细皮革制作的手包通常需要单独切割，而且往往需要全程手工缝制，其边缘的整理加工工艺也遵循最高标准。此类手包的五金件可能是全手工制作，并应用手工以确保品质和标准的统一。

　　定制鞋履采用高档精细皮革制作，也是个性化私人物品，因为所涉及的尺寸仅适用于客户个人。鞋楦采用手工方式制作，以符合明确的规格尺寸要求，同时满足非常规脚部尺寸的要求和个人品味的要求。定制鞋采用手工缝制，使用数百个临时和永久性的钉子来固定鞋子的各个组件。

　　珠宝首饰具有高度个人化的特质，这可能导致客户对设计制作细节的要求臻于完美。单个订婚戒指和结婚饰品可能采用最昂贵的材料和宝石制作。非常大的宝石偶尔也被切割成更小的块状。珠宝首饰需要定期修整或重新设计，再生金属和宝石

可以用来制作全新的珠宝首饰作品。

与女式时装产业一样，女帽行业也拥有悠久的定制生产历史。设计师迎合个人客户的需求，使设计作品符合客户个人品味、场合和头部尺寸的特殊要求。制作女帽通常使用昂贵的材料，目的是展现精致优雅的细节特征。

商业化生产

商业化大众市场需要快速生产配饰。在生产线上，仅用一个操作员就可以完成箱包、鞋履、有檐帽或无檐帽的部分组件的组装工作。对于箱包生产而言，机工将各个组件缝制组装在一起，而其他人则负责组装硬件。鞋履制作过程也与之非常相似。女帽制作拥有同样的流程，但女帽组装工作可能全程需要手工完成，因为女帽设计复杂，并且在结构上存在难以进行内部操作的部分。但是，有些配饰制作从开始到结束都由一个人完成，珠宝首饰就是一个很好的例子，因为珠宝首饰组件的构造复杂，需要工匠具备更高层次的操作技能。

38—39. 展示了拥有自动化机械的商业化生产设施以及仅仅配备简单工具的定制工作室，凸显了两者之间存在的显著差异。

贝娅特丽克丝·王（Beatrix Ong）

2002年，贝娅特丽克丝·王推出了她的鞋履系列作品，展示了她极具个性风格的前沿审美观念。凭借广受好评的系列作品，她迅速吸引了名人粉丝的关注，并与包括马丁·斯特本（Martine Sitbon）、普林格（Pringle）和坦波丽（Temperley）在内的业内大腕开展合作。目前，她为漫游家（Globe-Trotter）品牌设计各种豪华行李箱包，以此不断提升其设计才华。

是什么促使您进入这个充满活力的行业？

我喜欢鞋履结构中蕴含的物理限制，也喜欢必须根据这些参数进行设计所带来的挑战。我没有将其视为一个产业，而认为这是一桩我真正喜欢做的事情。我只是在做我喜欢的事情，而业务发展只是随之而来的副产品而已。

您的灵感来源于何处？

我的灵感来源于人。我很幸运地结识了这么多不同的人，我的灵感总是来源于不同的文化、信仰和行为。我的目标是让人们感觉很棒——所以他们很自然地成为我的灵感来源。

您的设计过程是怎样的？

我总是随身携带笔记本——我有时携带多达三本笔记本。我在自己绘制的大量草图的基础上，设计制作图纸，同时在头脑里思考如何应对相应的技术挑战。基于这些图纸，我确定作品系列中必须包括的模型和作品种类。最后，我在鞋楦上设计鞋履图样——我坚持自己亲自做这个阶段的工作，因为不仅能使这个阶段的设计工作节省时间，也是我最喜欢的工作内容之一。原型样本制作完成之后，我将在合适的模型上进行最后的调整，以确保样本穿在脚上的样子看起来不错。

40—41. 贝娅特丽克丝·王最近推出的作品系列中的一只拥有奇思妙想的、富有女人味的高跟鞋。

41

贝娅特丽克丝·王（Beatrix Ong）

您在哪里并且如何找到材料和组件？

我在意大利制作鞋楦和鞋跟，我的鞋履产品也在意大利制造。我采购的材料来自世界各地——从物流和组织管理角度看，这么做有时可能比较复杂，但是，这么做是值得的。

您是怎么确定模型的？

设计模型必须考虑美感和舒适度，因为对我的产品而言这两者都是非常重要的。我凭借审美理念设计初始模型，并且在样本原型设计阶段进行适合度测试，测试样本的舒适性，在投入生产前需要再经过一次适合度的测试。因此，模型可以通过设计流程进行微调，但这些是对设计概念最低限度的调整。

您如何设计您的作品系列？

作品系列取决于生产和物流条件，也取决于我如何传达品牌概念。尽管你可以为每个作品系列确定主打产品——冬季的靴子、夏季的露趾鞋——但是，从设计角度说，这都可以归结为你想传递的想法是什么。例如，我有时会在冬天的作品系列内加入大量晚装鞋，因为我想传递一个欢呼庆祝节日的感觉。

您在哪里制造产品，为什么会选择在这个地方制造产品？

意大利。我选择这些意大利厂商，因为意大利人是伟大的人民，能够制作出了不起的产品。我与来自世界不同地区的制造商合作，而不去考虑他们所处的地区是在哪里。你与合作伙伴的关系最重要，因为你需要连续几天待在工厂里，如果你们的关系是令人愉快的，那么，整个合作过程也因此成为令人愉快的经历。

开始从事鞋类设计的新设计师应该抱有什么期望？

对任何职业来说，热爱你所从事的工作是最重要的。人总会经历一些挑战、巅峰和底谷，但要牢牢记住你为什么从事这些工作，这会让你度过最困难的时期。做好准备不断学习，并记住，耐心始终是一种美德。

42—44. 贝娅特丽克丝·王的高跟鞋有均衡的比例和轮廓分明的造型，其设计细节凸显出顽皮有趣的特点。

42▸

43▸

44▸

这是一个将小型女帽尺寸大幅扩展的例子。在约翰·加利亚诺（2009春/夏）发布的巨大的海盗风格的帽子中，设计师加大了帽子的高度，展露出幽默诙谐的色彩。

　　纺捻纤维，使纤维缠绕在一起，称为纺纱。经过纺捻加工制成的纱线强度比原纱更高。气候条件会影响天然纤维的产量，并可能大幅度降低最终产品的质量。根据特定最终用途的要求，纤维需要经历漫长的加工过程，才能符合规定的光洁度要求。

纤维质纤维

棉

　　美国、俄罗斯和巴基斯坦位居世界上最大的棉花生产国之列。人称"海岛棉"的上等优质棉生长在西印度群岛，得益于当地有利的气候条件。棉花的特点取决于其纤维的长度：纤维短的棉花质地粗糙，而纤维长的棉花手感更为平滑、更为舒适。

亚麻

　　长纤维亚麻来源于人称"麻类韧皮纤维"植物的干梗，干燥时长度缩短，吸水性非常强。亚麻织物容易产生褶痕，但是，随着技术的发展并通过与其他纤维混合，人们现在已经能够生产出手感和表面光洁度更优的亚麻产品。

蛋白质纤维

羊毛

　　羊毛是最通用的纺织、针织和毡呢材料。羊毛纤维具有天然卷曲皱缩的属性，其特点受羊毛类型的影响。羊毛类型包括从粗毛、软毛到细毛（如美利奴羊毛）等许多种类。使用羊毛制成的面料，可以自然去掉褶痕，或者可以通过特殊的整理加工工艺以产生永久的褶痕。

丝绸

　　野蚕丝纤维是不规则的，织造的面料（如山东绸）具有独特的不均匀表面。家蚕丝干燥时是耐用、轻巧、长而规则的短纤维，但湿润时，家蚕丝的纤维强度会被削弱，用户处理这类织物时需要多加小心。

1.海蓝色丝带缠绕下的波浪式帽子，让·保罗·高缇耶为2010春/夏高级时装系列设计的作品。

机织物

平纹织物具有在垂直和水平方向上对应的经线和纬线。这类织物的织法因为强度高和纱线适应范围广而最为流行。采用这种方法对轻型面料进行粗加工处理，可以使面料获得抗变形的能力。在纺织经线和纬线中可以加入装饰花纹，如条纹等。

斜纹织物有两种类型，即"S"和"Z"向斜纹布。这种类型的织物具有独特的纹理。斜纹线既可以始于织物的左侧，也可以始于织物的右侧。布纹的清晰程度取决于纺织时穿过经线的纬线数量。

缎纹织物的主要特点是长浮线较长，织物表面光滑且富有光泽。这种织法的经、纬纱交织点少，织物质地柔较易变形。其表面斜线不像斜纹织物那样明显清晰。

绒毛织物上的绒毛与织物之间存有距离，因此制造出拉毛的效果，赋予织物柔软的触感。绒毛倒向同一个特定的方向会对织物的剪裁方式产生影响，倒伏的绒毛为织物增添了令人感官愉悦的光泽。

针织物

针织物是通过织针有规律的运动形成线圈，再将线圈相互串套而成的织物，具有高度的柔韧性。针织机可以生产各种针织品，包括经编织物和纬编织物以及成型织物。采用各种色纱针织可以织造出花式针织物及各种花样图案效果。采用针织面料制作配饰需要进行特殊的加工整理，有助于这类织物不易变形。

面料采购和配饰功能的可持续性

保证配饰具有持续耐用的功能，是设计师的责任。要限制设计生产可能对环境带来负面影响的配饰，以负责的态度采购面料是具有正效益的长期解决方案。采购可持续使用的面料有五个重要的好处：好的设计能够确保设计师更好地确定产品的使用寿命；能够确保设计师聘用的员工团队享有更好的工作条件；能够确保对环境的有害影响最小化；能够确保实施产品的循环利用，以此回收废物，践行减少设计师碳足迹的理念；能够确保以有利可图的方式发展业务，吸引进一步投资，保证未来业务呈现可持续性发展态势。

2. 让·保罗·高缇耶2010/2011秋/冬发布的高级时装系列作品，巧妙运用模特头上飘动的薄型丝绸，烘托出盛大华丽的场面。

　　人类一直使用毛皮制作某种形式的服装和配饰，部分服装和配饰用于满足需要，其他服装和配饰则承担装饰功能。天然毛皮的质地和厚度取决于动物本身，如牛皮坚韧灵活，只能略微拉长。许多动物的皮毛非常精致漂亮。使用天然毛皮需要考虑很多因素，其中最重要的是要保护野生动物。重要的是要记住，使用天然毛皮所涉及的道德考量，可能并不总能得到社会或文化层面上的认可。

3

皮革

　　皮革一直是制鞋和箱包行业使用的非常重要的原料。最流行的皮革是鞣制牛皮。通常情况下，动物年龄越小，在鞣制过程中其皮质受到的损伤越小。皮革有两面，两面的纹理不同，可以很容易地通过不同方法改变皮革的外观，例如，采用热喷涂工艺使皮革表面变得光滑，采用压花技术仿制其他类型的天然皮革。

毛皮

　　时尚裘皮使用包括海狸、灰鼠、貂、狐、水貂、麝鼠、海狸鼠（在美国也称"沼泽鼠"）、水獭、兔子和紫貂的毛皮。毛皮外穿只是发生在最近时期的事情，以前人们将毛皮穿在里面用以保暖。毛皮根据质量分级，应检查有无斑点，斑点是承受压力的标志。毛皮的毛有两层，粗糙的外层称为"针毛"，而较为密集、柔软的里层称为"底绒"。必须使用锁缝针法缝制毛皮，然后轻轻拉开，展平边缘，使之接合。

制皮的主要准备阶段

剥皮和保存
未经处理的天然皮称为生皮，应检查是否存在质量问题和缺陷。盐湿皮或干皮都统称为生皮。

鞣前准备
在这个环节，将生皮浸泡在水中，使之重新充水，再浸入特殊溶液中以除掉不需要的皮层和毛。另外，还需要经历刮肉环节，以消除不必要的肉和脂肪。

鞣制
在这个环节中添加鞣剂，将裸皮变成鞣制皮，从而产生所需要的特定性状，然后再根据皮的质量和缺陷，进行分类。

加脂
这一环节是将鞣制革变为成品革。当皮革厚度相等时，被分为两类：表面粗糙的皮层被称为"粒面革"，二层被称为"剖层革"。这一环节的最后流程还包括拉伸流程（正式名称为"平展流程"）及刮软流程，以软化皮革和抛光表面，以制作不同类型的皮革，如麂皮。

后整理
通过喷涂或填充皮革，完成后整理工序。

4

3. 几个世纪以来，毛皮深受大众的欢迎，并且时至今日仍然继续装点着人们的配饰，成为蔚为壮观的个性化语言。如图所示，这一配饰是夏姿·陈（Shiatzy Chen）2012 / 2013秋/冬系列作品中的主打作品。

4. 因为具有多功能性和耐久不变的品质并且具有能够适应多种用途的灵活性，皮革成为受到包括马克·雅可布（Marc Jacobs）在内的许多配饰设计师欢迎的材料。马克·雅可布在其2012/2013秋/冬作品系列中使用了皮革材料。

比尔·安姆博格（Bill Amberg）

5

比尔·安姆博格传承了英国的设计传统，设计和生产最优等级的皮革手包及配饰。他是在国际上广受认可的著名设计师，其皮革制品做工精致考究，享有盛誉。他的设计作品使用了激动人心的技术与新型材料，极具开拓性。比尔是一个充满活力的设计师，传承了文化遗产，使之焕发出生机和活力。这一点在他设计的每一件配饰中得到了充分体现。

6

7

您为什么选择从事配饰设计?

这一切都始于我在澳大利亚学习的时期。当时我给工匠当学徒，以确保学习内容涉及皮革制作工艺的各个部分，包括鞍具制作。回到英国后，凭借此前的经验，我很自然地转而开始从事配饰设计工作。我完全明白，使用皮革设计作品与使用其他材料是非常不同的，你需要拥有完整的背景知识，了解皮革可以为你达成什么目的。

您的创意想法起源于哪里?

我的创意想法的基础非常广泛，也来源于好奇心。我泡在电影、摄影和艺术画廊里面，生活中所有的想法都可以带来灵感。当然也需要考虑实际的方面，考虑到人们需要什么以及配饰如何融入他们的生活。例如，相比十年前，箱包的尺寸已经逐渐变小，因为新的技术设备（如平板电脑和手机）的尺寸已经缩小。所有这些需求都必须反映到每一个箱包的设计创意中，因为这是客户的要求。

您的设计过程是怎样的?

在设计过程中，总是从用铅笔在纸上画草图开始。能够绘制草图是设计工作者需要拥有的至关重要的能力，因为这会将想法在纸面上得到正式确定。这些想法被提供给在工作台制作原型样本的工匠，或者在我家里的工作室根据我的想法制作原型样本。这是一个持续的、不断发展的过程。对于我来说，实际制作也是设计过程的组成部分。在这个制作过程中还必须包含技术设计方面的内容。

每个时装季是什么给您带来色彩模式方面的灵感?

我去看法国第一视觉面料展以及所有的贸易展览会和皮革展示会，了解新推出的颜色种类。我了解时尚导向型制革厂提供和生产什么面料，据此确定未来的潮流趋势会是什么走向。皮革上可以加一层颜色，然后也可以进行表面加工整理，从光滑表面、上釉表面到打蜡表面，这些都能给我们带来新的思路。

您如何设计您的作品系列?

作品系列是根据商品计划开发设计的，虽然也会有顶尖作品和根据偶然创意设计的产品，但是这些只是作品系列的补充。作品系列的构成是经过精心策划的，从传统产品系列到时尚潮流系列，都是如此，而且符合价格三角形规律。众所周知，我们生产的耐用产品，虽然不是主要以时尚潮流为导向，但是，我们的系列作品始终对时尚新趋势保持开放态度。我们必须考虑客户的需求。

您使用什么类型的材料?

我使用大量的植物鞣革，这种材料给皮革带来奇妙的外观。我避免使用大量涂色皮革或印有纹理的原料，因为这些原料显得不自然。我还使用许多其他类型的材料，包括帆布、羊毛和毛毡。我目前正在使用尼龙防水皮革，这是我公司在业务上取得的非常令人兴奋的新进展。

5. 比尔·安姆博格
6—7. 两个上班用包展示出比尔·安姆博格这位工艺美术大师的功力与巧夺天工的设计，展现了他对精致皮革设计的理解。
8—9.（见下页）比尔·安姆博格使用上等的皮革，制作出两个具有传统外观的手提旅行箱/手提旅行包。

天然毛皮 > 行业观察 > 天然金属和宝石

比尔·安姆博格（Bill Amberg）

您尝试新类型的材料吗?

　　新类型材料的试验很重要。现代科技带来了如此巨大的推动力。研究防水衬里，将皮革和尼龙纳入其中，给我们带来了研究发展制造技术的机会。我们使用免缝技术，如焊接和黏合带贴缝，实现接缝完全密封。我也在一切与时装及配饰完全无关的不同领域获得灵感。制鞋技术，甚至帐篷技术中都有如此多值得学习的地方。有些最激动人心的创意来自热气球，热气球的接缝和制作构想也非常能够激发我的灵感。

新设计师可以从您的材料实验经验中学到什么?

　　皮革品种是丰富多彩的，乍看之下可能会感觉皮革原料很简单，但是，其中有许多东西需要了解。关于原料及可以购买的原料品种，有那么多需要了解的地方。新设计师需要用皮革做实验，他们首先必须使用皮革来制作产品，以便充分了解皮革的性能。

　　皮革是食品工业的副产品，是真正可持续的以及可生物降解的材料。通过信誉可靠的皮革厂，可以跟踪每张天然皮革的出处。到目前为止，我们仍无法找到能够替代皮革的合适材料。没有什么材料能够与天然皮革的自然特性相提并论。使用人造皮革具有破坏性，因为制作人造皮革的材料和制作工艺对环境会造成污染。

您在哪里制造配饰？

　　有些工作是在这里的工作室完成的。我们在英国的工厂为我们生产配饰产品，因为英国的皮具制作一直处于时尚的前沿，英国的厂商对皮革制品有扎实的理解，并掌握如何制造皮革产品的知识和技能——我们知道怎么做效果好。这渊源于我们长期的牧马和制鞋传统。通过牧马和制鞋，我们已经很了解皮具制作的技术。这是在世界其他地方难以复制的风格。很明显，英国皮革制品具备高水准的制作工艺，最能满足我们的要求。我们还在西班牙制造配饰，因为他们的制作方法最接近我们在英国发现的制作方法，而他们也有制作皮具的悠久传统。

在从事合作项目工作时，您觉得什么能带来最多启迪？

　　我觉得与其他人合作从事项目工作很激动人心，我也向其他人提供创意想法。这些合作项目也会受到限制，因为每个人都有自己的想法，因此，为其他人设计永远会受到某种限制的束缚。我曾与同行业其他领域的人员合作，因为皮革的用途如此广泛，几乎触及每个人的生活，从鞋子到汽车内饰，皮革用品种类不计其数。我们还做许多其他工作。比尔·安姆博格工作室设有积极推动业务发展的产品开发和室内设计部门，我们与许多公司合作，生产定制配饰。此外，我们一直以来都在与汽车、自行车、酒店及餐饮业等其他行业开展合作。每个行业都会为我们带来新的想法。我尝试挖掘他们的思想，确定并生产出他们需要的产品。

9

金属

在高品质配饰中使用的、最常见的金属有金、银和铂。这些材料被广泛应用在珠宝首饰和其他配饰的制作中。由于金属具有可塑性，人们也使用金属制作其他类型配饰的组件和专用功能部件。使用这些天然材料前需要经过仔细研究，尤其是在制作珠宝首饰的时候，因为必须确保佩戴者在佩戴用金属制作的饰品时感觉舒适，必须确保佩戴者与金属长时间接触后不产生皮肤反应。在设计使用金属组件制作的配饰时，应确保所用的金属非常耐磨。

纯金非常柔软，等级为24K（ct）（在美国英语里称为karat/kt）。18 K黄金的意思是18份黄金加上六份其他金属。当等级降至9 K（即9份黄金和15份其他金属形成合金）时，金饰的质地会变得更硬。纯银具有优异的延展性和反光性，但纯银在接触到空气中的硫之后很容易失去光泽。法定纯银制品中含有925份至1000份纯银。

铂金是一种质地非常结实的金属，具有上佳的抗腐蚀性和抗锈蚀性，而且与黄金相比不易磨损。其他金属，如铜和黄铜，也能很好地用于多种类型的配饰制作，但是，它们不能保持表面抛光效果，容易失去光泽。合金是不同种类金属的混合物，制作合金的目的是加强金属的强度和硬度。

宝石

由于宝石的稀有性，宝石成为高级珠宝首饰的经典代表。人们根据宝石的品质对其进行排序。宝石也用于制作其他配饰，如箱包扣和鞋扣。为确保显示其光泽的目的，宝石切割需要高超的技巧，学徒需要练习数年才能掌握这门技术。

不是所有的宝石的品质都是最上乘的——许多宝石内部含有细小的夹杂物（瑕疵），这些瑕疵影响宝石的最终品量。宝石内部的夹杂物越多，其光泽度就越低，宝石的表面色泽就越暗淡。内含杂质很少的宝石被认为是罕见的/稀有的，因此价格昂贵。目前流通中的最好的宝石通常会切割成圆形、方形、长方形和梨形。设计人员需要考虑将宝石放置于正确的底座上，以便将其固定。

制作珠宝首饰常用的宝石

钻石、祖母绿、红宝石和蓝宝石被视为宝石。

钻石是世界上最坚硬的宝石，使用钻石制作的饰品被视为珠宝首饰行业的顶尖作品。
祖母绿通常是绿色的，因其抗断裂能力差而带有很多夹杂物。
红宝石的颜色是众所周知的独特的颜色——红色，色调深浅不一。
蓝宝石与红宝石相对应，在红宝石所具有的特征之外，蓝宝石还有许多其他特质。由于蓝宝石的硬度高，也可用于其他行业。
琥珀、石榴石、青金石、蛋白石（欧泊）和珍珠被视为半宝石。

10. 2010春/夏高级时装系列作品发布中，约翰·加利亚诺为迪奥汇聚了具有戏剧感和历史感的、闪闪发光的巨大宝石。

今天，那些关于配饰制作时常用材料的灵感也来自其他行业，人们设计开发的制作方式旨在为用户带来舒适感和时尚感。21世纪新的研发领域特别专注于寻找更快捷的方法，利用生物技术或更为清洁的塑料，制作更加智能化的材料。

智能织物

智能织物混合使用传统的织物织造方法与新技术。LED（也称发光二极管）通过排放较低热量来提供光源。如果嵌入到织物之中，发光二极管的光亮可以通过更改编程信息而改变，使设计者能够改变由此产生的颜色和图案，以适应季节性需求和潮流趋势。

光纤灯也是配饰设计师可以尝试的很好的选择。专业照明公司生产带有光纤灯的纺织和针织织物。另外，光纤线缆可以切割，并插入到织物中，以此制作出毛茸织物。这些类型的智能织物主要用于配饰外部，起装饰作用。但是，也可开发其功能性用途，如将这些智能织物用于制作箱包内衬，在箱包内部发挥照明作用。

生物技术

在生物技术领域和寻找利用潜在新型纤维领域方面，自然环境也对新技术的发展发挥了激励和推动作用。举例来说，与钢铁相比，蜘蛛丝的强度和弹性是非常高的，但是其制造成本高昂，因为生产蜘蛛丝纤维需要花费许多时间，且需要许多蜘蛛参与才能得到足够的丝来生产足够长的织物。

塑料

塑料在高温下熔化。使用注射模塑法可以使塑料成型，也可以将塑料加热，使之变得柔软后使用模板加工成型。塑料的轻便特性使之可以用于制作适合所有类型配饰的雕刻图案。此外，由于废旧塑料回收和升级回收技术的发展，这种柔性材料正变得更安全、更环保。虽然塑料并不是一种新的材料，但是，随着工艺水平的不断向前推进，伴随着每一种新技术的发展，设计师们不断发现塑料具有令人难以置信的实用性。

11—13. 当代设计师凯特·玛科斯设计的雕刻塑料围巾，展示了塑料的创新使用方法。凯特的作品探讨了使用具有可塑性材料的可能性。

14. 阿莲娜·阿赫玛杜琳娜（Alena Akhmadullina）使用多层塑料条片，配以嵌入式宝石颜色制作了这款美丽的项链（2012春/夏发布）。

15. 约翰·加利亚诺为2008春/夏高级时装发布迪奥作品系列设计的女帽，看起来像太空时代的配饰一样。这个未来主义的头盔使用模压塑料制成。镀金的复杂立体设计图案在帽盔的主体部分中闪闪发亮。

玛罗斯·谭博玛尔（Marloes ten Bhömer）

这位国际知名并广受好评的设计师生产制作的鞋履风格引发了诸多争议，被称为不食人间烟火。玛罗斯·谭博玛尔已经牢固确立将技术进步注入创意实验的个性化风格，她生产制作的鞋履具有创新意味。

是什么让您决定加入这个行业的？

在荷兰阿尔特兹艺术学院（ArtEZ）学习产品设计时，我的导师——鞋履品牌萝拉·帕格拉（Lola Pagola）的创始人玛莉基可·布鲁金克（Marijke Bruggink）介绍我学习鞋类设计专业。

在担任产品设计师的角色时，我觉得鞋履设计是非常有趣而复杂的专题。鞋履设计全方位涉及设计领域内的各种问题，从材料知识到工程知识和高度直观的问题，方方面面，无所不包。我自己在设计方面的兴趣特点是无视或批评传统，注重使产品变得不那么平淡无奇。当然，鞋履结构也必须合理。使用非传统方式制作鞋子，同时仍然保证鞋履在技术和结构上具有准确性是一个真正的挑战。

除了这些挑战，我非常着迷于一个事实，那就是鞋履与人体非常接近，非常契合。对穿鞋的人来说，鞋履具有强大的影响力，在身体方面如此，在情感方面也是如此。

是什么激励您设计制作当代风格的作品？

我工作的一贯目标是，通过非传统技术和材料技术实验来挑战通用女鞋类型学的理论。我致力于通过重塑鞋类制作流程，生产出具有新的美学趣味和结构的、独特的鞋履，以此作为范例，同时对作为文化客体的传统女鞋提出批评。

您的设计过程是什么样的?

我在开始配饰制作流程时采用一些方法:改造和采用来自(制鞋业之外)其他行业的工艺/材料,并应用于生产鞋履。我根据草图/模型将其改造成从结构角度看合适的鞋履制作材料和工艺,围绕现有的鞋楦或足部,对材料进行立体裁剪/折叠/熨压,制作出设计图,然后根据设计图确定使用合适的材料(有时使用与实体模型相同的材料)。

最近,我的设计过程的起始阶段工作更多与概念有关,与我一直在探索的制作、结构和方法概念有关,接下来我可能会将此种概念转化为一个用品或装备。

就"注塑模具加工鞋"(图21,见下页)来说,技术创新和机械制作工艺在业余装备用品概念的推广中发挥了作用。这一作品是对机械化生产与手工制作物品的审美价值、外在价值的对比与评判。

您如何设计您的作品系列?

我从来没有设计过系列作品。我工作的主要目的是要摆脱陈腐的传统风格和准则,如运动类、少女类、女性化类型风格等。我的设计依据并不来自客户的资料情况,我认为这是导致鞋类设计千篇一律的主要原因。我的做法是,使用材料和技术来重新发现鞋子本身的特征。设计系列作品需要时间,会减少我用于创新的时间,并不适合我的工作方式。我对制作和细节的想法,随着时间的推移会逐渐改变,有时这种改变会影响下一个配饰的设计创意,但我不会将下一个配饰称为系列作品。

16. 玛罗斯·谭博玛尔

17—19. 玛罗斯·谭博玛尔鞋履设计图的独特气质在于,她以不同寻常的方式使用折叠皮革和塑料模型。

玛罗斯·谭博玛尔（Marloes ten Bhömer）

为什么原型样本设计阶段对您很重要?

我基于自己对足部和鞋履的研究，设计了各种概念性实验作品，其中一些已经被制作为技术上可靠（耐用）的鞋子，而其他只是制作成雕塑作品。我的工作实践存在两个方向，这使我的工作产生层次感，使我得以理解和评价鞋履功能的意义。这两个方向所处（画廊、博物馆或精品店）的情境是那么不同，这挑战了观众对鞋履的先入之见。

什么类型的材料能够启发您的灵感，为什么

给我带来灵感的与其说是材料本身，不如说是材料在文化上的意味——材料从何而来，可以如何加工，以及可以在美学和结构上达成何种效果。我最感兴趣的是材料/工艺与效率之间存在的有趣关系。这种关系甚至可能是有悖于直觉的，如注塑模具加工和快速样本原型设计。

新的设计师可以从您的材料实验经验中学到什么?

我认为，通过材料实验可以在相当大程度上了解物品在美观和功能方面的特质。用于实验和创新的材料可以是公司内部制造的或与业界合作制造的材料，也可以是常见的或专门的材料。

我发明的一种技术是皮革贴合技术，即我们大多数人在学校里学到的技术——纸浆制模型——这一发明是设计师自己动手做实验的亲力亲为风格的范例。

使用皮革纸型，无须耗费时间进行图案设计，厚度也可以变化。使用这一方法，可以在鞋类制造时从鞋的内部准确描记脚的模型，从而允许外部轮廓不同于传统的足部模型。

20

21

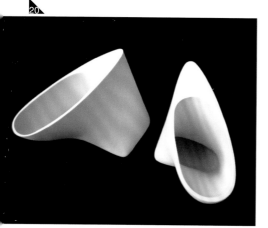

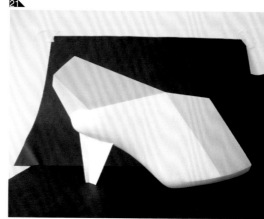

您在哪里找到您所使用的材料?

我使用各种各样的材料，从碳纤维到聚氨酯树脂，从不锈钢和皮革到玻璃纤维，林林总总。这些材料在不同的行业中得到使用，其中大多数是很容易获取的材料。

您能从参与合作项目的经历中学到什么?

首先，参与合作项目使你了解你是否适合与其他人合作。我想，在与其他人协作的过程中最有趣的事情是，学习和了解其他各个领域存在何种问题和挑战，研究这些问题和挑战如何能与你自己的专业领域相关，如何能渗入你所在的专业。

对于确定选择配饰设计作为职业的新设计师，您能提供什么建议?

我认为，很重要的是，必须了解你所在行业的现状，以及你在本行业已经或可能向往发挥的作用。重要的是，要知道你每天想要做的事是什么。不是所有的行业现在都能为你提供发挥作用的平台。你可能需要自己创建一个平台。

虽然我设计鞋子，但是，我可能会说，我的工作领域是时尚行业。我的工作业务范围包括时装、设计、手工艺、艺术，有时也涉及技术，各不相同。

20—23. 玛罗斯·谭博玛尔设计的这些鞋履，展现了先进技术和具有前瞻性的批判性思维，同时致力于使用这些模型来挑战传统的鞋履设计思路。

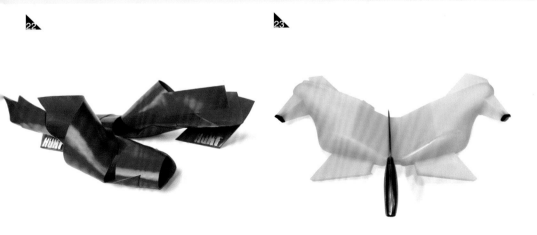

印有多层偏绿色调棕榈叶的图案，为带有网状帽檐的超大帽子设计制作，其灵感来自热带地区。这是让·保罗·高缇耶为2010春/夏高级时装系列发布设计的作品之一。

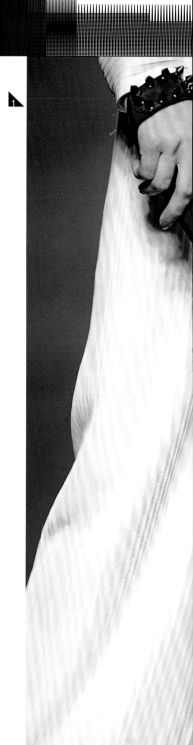

手工表面装饰是劳动密集型工作，费用昂贵，但制作效果难以复制。一个人，或者一个团队，可能会花费数百小时完成一件配饰的手工装饰工作。传统上用来美化作品品质的技术一直沿用至今，因为人们对特殊和独特配饰有着持续不断的需求。以平面和立体形式呈现的、复杂细致的表面装饰效果，常见于高端配饰。在下面的内容中我们将对此进行进一步探讨。

纺织品表面加工

串珠和大小各异的亮片能制造出豪华的效果。不同大小的串珠产生纹理，不同层次的亮片有反射光线的作用，但纹理图案和亮度均取决于装饰物的密度。为了减少将每一件装饰物缝纫固定至纺织品表面所需的密集型劳动工作量，可以使用绣绷将绣布绷紧绷平，按绣布上画好的图案穿针线并穿上珠串和亮片串，以确定好的间隔绣回针将串珠和亮片固定在绣布上，同时在绣布反面形成链式线迹。

补花工艺（贴补工艺）仅涉及将补花主料与底布缝制在一起或层叠工艺。设计图案可从柔和渐变为明朗，与背景对比强烈。易磨损的主料要留出缝份，必须根据设计图样进行表面加工整理，以提升表面的光洁度。不易磨损的主料则不必留出缝份。

金银线花边是一种具有高度装饰性的刺绣。使用凸纹织带、缎带和穗带镶边以制作出独特的图样，从而创造出不同寻常的表面效果。运用钉针绣针法固定装饰花边，确保边角平整，曲线流畅。

金属表面加工

雕刻指从表面切割金属，以刻制图案和铭文。技工切割金属，可以制造出各种不同的效果，效果的种类取决于切割的深度。在将设计图样转移到配饰表面之前，必须将配饰表面抛光。将切割工具（称为刻刀）直接放置在切割线上进行切割，刻出沟槽。切割小块部分，刷去多余的卷曲金属。

冲压印花指用于金属表面添加纹理的旧技术。使用冲压机和锤子按照预定的图样在金属上制造压痕和印记。这种技术类似于压花，只是配饰反面没有压印出设计图样。但可以采用此方法制造有趣的表面效果。制作原型样本可以帮助你准确估测所需冲压压力的大小，从而制作出规定的外观图案。

1. 让·保罗·高缇耶为2011春/夏高级时装系列设计的、带有装饰钉的手包。

随着工业革命的推进，人们发明了机器，用以模仿完成很多传统上由人们手工完成的工作。这些新机器的诞生加快了生产速度，在历史上第一次能够重复生产出看上去完全一样的多个配饰，也因此保证了产品具有统一的品质，符合较高的制作标准。此后，科学技术取得了进一步发展，现在的数字技术已可以设计和制造具有高度装饰性的产品，而所花费的金钱和时间，在此前制作同样产品所花费的金钱和时间成本中，仅仅占据较小的比例。

2. 当代箱包设计师李·玛特科斯设计的创意机绣提包，使用彩色绣线绣制图案，并采用兔毛皮装饰完成成品提包的制作。

3. 让·保罗·高缇耶为其2012春/夏高级时装系列设计的手包，带有纤细蕾丝状的装饰图案，与染色皮革形成鲜明的对比。

刺绣

自由式机绣可以绣出具有或抽象或定义明确的图案，用以制作图像、图案或标志。工业绣花机，也称爱尔兰机器，能够非常快速地绣制出品质优异的表面装饰。数码刺绣机将图像数字化，通过减少规定颜色数量来选择颜色，同时可采用自动化缝制方法，使用不同种类的缝纫线。缝纫线种类从用于制作网纹的粗线到中国刺绣中使用的金属丝，应有尽有。

在配饰设计中结合刺绣是业内常见的做法。历史上丝线刺绣作品始终深受欢迎，丝线刺绣赋予配饰成品较上乘的品质。设计师应该总是努力尝试使用不同的面料和材料，如可溶性纤维。可以先使用可溶性纤维进行刺绣，然后将其溶于水中，只留下互连的缝纫线，以此制造出一种网状的效果。

印花

目前，印花技术得到大幅提升，凭借此种技术人们制作出质量远胜于之前作品的设计图案。与传统的、使用油墨的手工丝网印刷技术相比，采用计算机辅助设计制作的数字图案为设计师提供了更大的用色灵活性。印花为创新设计提供了进一步的机会，使之不受传统方法的限制。使用数字印花技术使图案直接印制到织物中，可以准确体现配饰的模型，从而最大限度地减少浪费。

随着科学技术的进步，当代表面加工技术得到不断提升。设计师们不断尝试手工和机器表面加工技术，以完成配饰制作。人们将他们使用的技术纳入配饰设计流程，在配饰成品最后完成之前应用于织物、皮革或材料的工艺之中。

4. 分层激光切割技术为设计师乔迪·帕奇蒙特设计的这双高跟鞋的镶边装饰增添了一种雅致的效果。

切割

应用激光切割法切割组件时使用了多种气体的混合物，以产生经高度加热的激光束。这种方法最初是为满足工业需求而开发的，之后配饰行业也通过实验对此项表面加工技术进行了探究，以便在包括金属在内的最硬的材料之上制作出精确的切割图案。这一设计图样是使用矢量式图形创作软件制作的，该软件能够引导激光束进入预定的轨道。激光束的密集热量也用于密封边缘。这种切割方法保证了产品具有统一的质量，符合统一的标准。

不含热和气的水力切割对于某些类型的作品和材料更为适用。这种切割方法使用高度精确的、加压的定点喷射水流，也可与砂轮混合使用。水流通过喷嘴可以切割多种类型的材料，从大理石和石材到软橡胶都很适用。与激光切割相比，这种技术可以切穿的材料更厚，层数更多。

5

5.通过沉重镀金底的网状鞋的复杂激光切割，使人瞥见穿着者的个性风格。

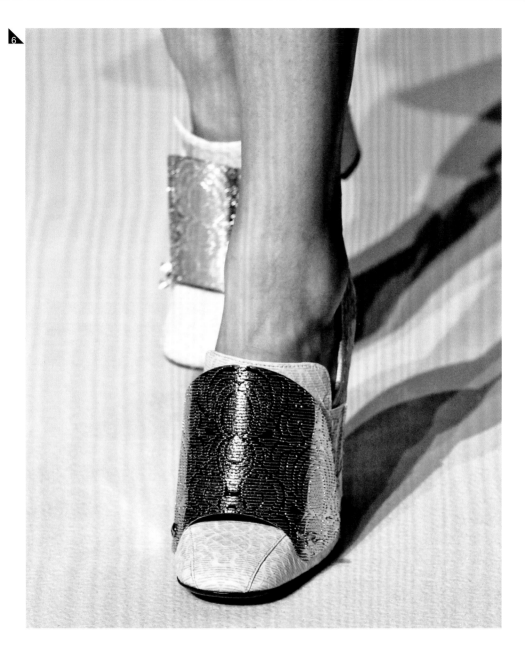

6. 淡雅的蓝色蛇皮为这双鞋前面的雕刻金盘提供了柔和的背景。这双鞋是伊夫·圣·洛朗（Yves Saint Laurent）2012春/夏系列推出的主打作品。

7. 约翰·里士满（John Richmond）的2012/2013秋/冬作品系列中的高跟鞋，将传统刺绣与现代精密激光切割技术融合在一起。

米歇尔·罗伊–赫尔德（Michelle Lowe–Holder）

8

米歇尔·罗伊–赫尔德毕业于著名的纽约普拉特艺术学院（Pratt Institute）。在普拉特学院学成之后，她开始了在时尚行业的从业生涯。在伦敦参与一个时装可持续发展的辅导项目后，米歇尔·罗伊–赫尔德调整了设计方向。在米歇尔优良的古典传统手工装饰中，包含着她为探索可持续式设计制作而进行的努力，以及为实现零浪费而练习设计制作技术的决心。她循环使用以前的作品系列中使用过的线头和废料，将这些线头和废料称为"圆白菜"。

8—10. 米歇尔·罗伊–赫尔德利用来自不同方面的发现，实践可持续式设计理念。她的作品制作精良，带有精工细作的皱褶，能够弯曲、伸缩自如，与使用者融为一体。

9

您为什么决定加入这个充满活力的行业？

我12岁时开始收集古典式样的衣服。从那时开始，我就知道自己将涉足时装或服饰行业。我现在仍然保存着这些衣服，在我眼中这些衣服仍然像以前一样美丽。我热爱制作时装或服饰时所涉及的工艺和技术。是那种激情和狂热选择了你——对我来说，这从来就不是一个困难的决定。

是什么为您设计制作自己的当代风格作品带来灵感？

任何事情都可以给我带来灵感，可以是维多利亚时代的复古式样针线包的图样细节，可以是19世纪50年代美国的一张照片，也可以是博物馆中展览的展品或只是一个你在公园里看到的人。对我而言，没有一成不变的规则，因为我一直在寻找我需要的式样。

您的设计过程是什么样的？

从产生灵感到将灵感转化为面料设计图样，如印花、图样处理或着色。然后我对这样的设计图样进行研究和改进——直到我需要的配饰样式逐渐成形。这个过程是整个设计流程中不可或缺的组成部分，具备自我启发的功能，遵循一个制作、观察、改进、再制作、再观察、再改进的规律。在这个过程中总是有令人惊喜的元素产生，因为材料本身会影响设计方向，并且往往影响支持最终设计样式的美学理念。

10

米歇尔·罗伊–赫尔德（Michelle Lowe–Holder）

为什么样本原型设计阶段很重要？

你不能没有样本原型设计——即使设计过程从绘制草图开始，也是如此。你所使用的技术、材料和表面加工工艺，都必须以原型样本的形式体现出来，这样才能确定问题和设计方向。

什么类型的材料给您带来启发和灵感？

我认为自己的品牌是"生态混合"型品牌。我使用零废料技术升级改造/循环利用废料及下脚料，也使用生产线上剩余的复古纺织品和彩带。但是，我不能总是使用可持续材料，因为并不总是能够找到这样的材料，例如，我一直没能找到"符合生态环保要求的硬件"材料。

新的设计师可以从材料实验中学到什么？

我们有许多设计方法——研究、立体裁剪、制作草图和概念化设计。材料实验将创意设计的想法转变为现实，这是一个非常自然的方式，是作为新设计师，你永远需要采用的一种方式。

您在哪里找到所需要的材料？

我是一个真正喜欢收藏物品的人，可以说到了一种痴迷的程度。我从市场、生产线末端的批发商、仓库和古董商店购买材料。我也从意大利一家可持续面料公司购买材料。我循环使用我自己作品系列中剩下的大量边角料、我个人收藏的边角料存货，以及东伦敦的一家工厂提供的边角材料。

您从合作中得到什么经验教训？

我喜欢从事合作项目，因为这种项目很有趣，也使我可以从其他来源获得新的想法。我总是从合作中获益匪浅，总是能从中吸取经验教训。总是待在工作室和专注于自己的工作会使你的视野变得狭窄，而合作让你拓宽眼界，开阔视野。能够从另一个角度来看你设定的工作范围和目标，这是一件非常有趣的事情。

对新设计师您有什么建议？

准备好，迎接一个跌宕起伏的旅程！

11—15. 乍一看，生态环保和符合道德标准的设计带来的挑战并不是显而易见的。然而，每个配饰都可以讲述自己的一段历史、一个故事。由米歇尔·罗伊–尔德手工制作的这些首饰彰显了她本人的风格，其中既包括粗厚的配饰，也包括雅致的作品。

12

14

13

15

开发表面加工技术

对于配饰设计工作而言，开发表面加工技术既需要实践，也需要进行试验。许多表面加工技术都能够跨越行业领域的边界，用于设计制作其他类型的配饰作品。混合使用手工和机械加工技术，允许进行多层剪裁和组合，会使设计技术和元素更为丰富。在制作指定类型的配饰时使用稀有材料，更可以制造出有趣和令人惊讶的效果。

16—18. 草图本是收集灵感、想法和注意事项的宝贵资源。在设计流程中的深化设计阶段，草图可以起到提醒设计师关注作品系列的关键主题的作用。这里展示的是经艺术家奥托·迪克斯（Otto Dix）启发产生创意并制作的草图本的部分页面。

17

18

目标和学习成果

数十年来，艺术一直激发着配饰设计师的灵感，从颜色、样式到图像，莫不如此。执行这项设计任务的目的是，促使你思考能否从艺术运动或艺术家的作品中寻求灵感，鼓励你考察你自己觉得有趣或受到启发的艺术家的个人作品，帮助你进一步优化自己的研究成果，提升创意水平。

设计任务

首先参考一位艺术家的作品，从中寻找灵感。随后按比例放大该作品的特定区域，用抽象的形式重新设计该作品。使用制版印刷的方式将图像印在不易磨损的织物上，也可以将图像印制在皮革上（如果你喜欢使用皮革材料的话），然后切出图像的一小部分。用浮雕图案装饰余下的未切割部分，制造出更多的纹理质感。在制作其他不同的配饰时，应用这些新技术，以创造一个前后连贯的主题概念。

创造性地使用混纺织物，也可以用来达成产生动态图像的目的。随机使用这种技术，可以产生独特的设计效果，而这些效果同样适用于箱包、鞋履或女帽的设计制作。重新设计图像，需要对亮色调和暗色调进行研究，然后再根据颜色和图案选择面料。暗色调需要搭配更浓厚的色彩和更密集的图案，而亮色调则相反。

另外，在软性织物上进行彩色印染试验也很值得尝试，也可以尝试在金属表面涂以瓷釉彩饰，以此制造一系列令人兴奋的组合与效果。

贾斯汀·史密斯先生（Justin Smith Esq.）

自2007年出道以来，贾斯汀·史密斯先生开始制作经典样式的帽子，设计时尚创意作品。迄今为止，他的女帽设计取得了具有决定性意义的成功，获得了广泛的认可，在IT86网站上获得i–D风尚造型奖和玛丽亚·路易莎奖（Maria Luisa award）。贾斯汀的非凡远见可以和他坚持传统技能的热情相提并论。这种远见和热情在他为莫斯奇诺（Moschino，意大利时尚品牌）、曼尼什·阿若拉（Manish Arora，印度时装品牌）和卡罗琳·梅西（Carolyn Massey）设计的品牌作品中均有体现。

女帽中的什么元素给您最多灵感？

我的灵感来自于我看到的任何事物。大自然给了我很多启发。我的工作在很大程度上以技术为基础，通过打破女帽制作技术界限产生和萌发新构思。这一点时常反映在我的系列作品中。

您的灵感起源于哪里？

新构思的出发点可以始于任何地方。我的系列作品《明暗》（Shade）的灵感来源于一本书，名为《乌有乡》（Neverwhere），作者是尼尔·盖曼（Neil Gaiman）。《空气》（Air）是我设计的另一个作品系列，其灵感来源于我自己的想法："如果帽顶上有一只鹦鹉，那看起来岂不是棒极了！"（图25，见159页）。

您的设计过程是什么样的？

我研究开发帽子制作工艺和技术，首先是基于对女帽制作工艺的了解。然后我将女帽制作工艺推到极限，以此找到配饰制作和穿着方式的新思路。

19—25. 贾斯汀·史密斯先生在女帽设计的历史传统中增添了现代化色彩，制作出具有完美倾斜度的简单样式的帽子和极具奢华风格样式的帽子。

您如何设计模型？

我考察了很多老式帽子的造型、复古的轮廓……我喜爱爱德华七世时代的帽子样式。所以，我的很多设计作品的轮廓和技术都可以追溯到那个时代。

您如何设计您的系列作品？

当我尝试设计一个作品系列时，我既不是在设计纯粹的男性配饰系列，也不是在设计纯粹的女性配饰系列，而是在探索制作豪华定制产品的可能性。我的目标是使产品穿着时能够展露风格，并且能随着使用者年龄的日益增长和爱情的日益醇厚而更具吸引力。我设计的作品系列，力图涵盖所有作品类型，从偶尔用于展示的作品到用于日常穿戴的帽子，我都希望纳入其中。

您能从合作项目中学到什么？

我参与了很多合作项目，能够与其他拥有梦想的设计师合作是一件很棒的事情。作为一名配饰设计师，你必须了解正在与你合作的设计师的想法——了解他们的内心，制作出他们想要的东西，但是必须采用看起来很棒的制作方式，并竭尽全力保证作品质量达到最优水平。这是一种完全不同的工作方式，通过这种工作方式，我不仅是在我自己的系列作品范围内工作，而且是在更大范围内寻求实现我自己的梦想。

制作定制配饰时，是什么使您觉得最具有启发性？

我喜欢制作专门为一人使用的东西，例如，为一个特别的客户和理由制作一顶真正特别的帽子。你知道，不会有其他人能拥有一顶同样的帽子，永远不会。我喜欢与人打交道，这来源于我曾经担任获奖理发师的经验。所以无论是为客户一次性设计制作帽子，还是为其他设计师承担重要的工作，我制作的帽子都一样，都是为特别的人制作饱含着爱意的特别的帽子。

您认为女帽将继续成为人们衣橱里的重要配饰吗？

戴帽子是显示个人自身风格和与众不同的很棒的途径。一顶很棒的帽子可以持续使用数年，也可以根据需要进行修补和改良，然后持续使用数年，就像在过去的时代一样！人们常常认为帽子只是在特殊场合适用的配饰，殊不知，紧随时尚配饰风格其实是人们日复一日的不懈追求。

贾斯汀·史密斯先生（Justin Smith Esq.）

25▶

2011春/夏系列中卡夏尔（Cacharel）将明亮色调组合匹配起来，装饰带有防辐射镜片和半透明镜架的复古风格太阳眼镜。

纵观历史，眼镜（也被称为"护目镜"）长期以来被认为是象征权力和智力优势的一种标志，尽管眼镜的最初设计目的是矫正视力，使配戴者能够更清楚地分辨周围世界。制作眼镜时，人们从多个角度向镜架中插入各种厚度和曲率的矫正镜片。今天，具有装饰功能的眼镜受到热捧，佩戴这类眼镜的人都不是出于眼科医疗和矫正视力的目的，这使得眼镜这种配饰的使用不再基于单纯矫正视力的需要。眼镜因而成为非常令人喜爱的时尚用品。

眼镜

采用动物犄角和玳瑁制作镜架的昂贵眼镜（重量轻，表面光泽度高）虽然曾经广为流行，但是，今天因为销售动物犄角和玳瑁材料已经引发道德和法律上的问题，所以，这类眼镜已经完全淡出，不再为人们所使用。现在，用于制作镜架的材料基本上是金属和塑料。这些材料在加热的时候有延展性，很容易对其进行加工，同时也非常强韧耐用，能够承受不断的摩擦，所以很受欢迎。

眼镜的设计受到佩戴时耳朵和鼻子要求的舒适度的限制。开始设计时，首先必须对这些限制要素进行明确定位，然后确定其他重要的需要考虑的要素，如脸形和镜片的规定厚度。用于矫正视力的镜架须是耐磨的，镜片要能够牢固地插入镜架之中，所以必须考虑镜片相对于镜架的厚度和造型。通常，表面积较大的镜片边缘也较厚。目前，人们已经能够使用先进的技术制作更薄的镜片。

还应该考虑如何将眼镜折叠起来，这通常是眼镜腿上的转轴所需具备的功能。由金属或塑料制成的镜架依靠小螺丝将其组合在一起，形成整体镜架，也许还需要使用弹簧，以增加弹性。另外，无框眼镜由鼻(梁)托、镜腿和镜片凹槽内置细线共同固定，组合构成一个整体。

太阳镜

有色眼镜已经成为主要眼镜市场中一个居于主导地位的子行业。太阳镜用于保护眼睛，过滤日光和紫外线。时尚潮流在镜架和镜片风格的变化过程中发挥了决定性的作用，从暗色调到亮色系，从渐变风格到多种颜色组合风格，莫不如此。必须考虑使用有色镜片所带来的影响，因为其中涉及危险因素。例如，飞行员需要佩戴能够遮挡太阳眩光保护眼睛的护目镜，因此在护目镜制作方面会有不同于一般用户的要求。

2

1. 这类大约在20世纪60年代出现的、受未来主义风格影响的暴眼眼镜和太阳镜，从根本上改变了脸部的比例和形态。

2. 这类无框芬迪品牌太阳镜（2012春/夏发布）尺寸超大，在单一镜片基础上模压塑形，不但未遮挡脸部和轮廓，而且大胆展露出个性风格。

围巾的出身很卑微。罗马人经常使用的擦脸巾，其字面意思可以翻译为"汗巾"。"汗巾"用亚麻布制成，罗马人用来在炎热的天气中擦拭汗水，保持身体清洁。一直以来，围巾都是一个实用物件。如今，围巾的主要用途仍然是帮助人们在寒冷气候中御寒。围巾还可以有许多其他功能和用途，如在干燥的沙漠中，围巾可以作为阻挡灰尘、烟雾进入嘴和鼻子的一种手段。人们可以在身体的不同部位戴围巾。人们通常使用的围巾有几种常见类型。

过去和现在的用途

历史上，人们戴围巾的原因有很多，最主要的原因有宗教原因。在宗教领域，戴围巾曾经是彰显佩戴者的等级地位和重要性的一种手段。为宗教目的戴的围巾不只是戴在脖子上，举例来说，在包括伊斯兰教在内的许多宗教中，戴在头上的头巾极具象征意义。西班牙的天主教徒至今仍然在戴用花边制作的披肩头纱。军队还使用由亚麻、棉和丝绸制成的围巾，以显示某个人的地位或职务。学生围巾通过图案、设计、徽章或标识显示佩戴者所在的大学校名。在历史上流行使用学生围巾的院校屈指可数，包括剑桥大学和哈佛大学。

❸

3. 2007秋/冬发布的巴黎世家品牌系列作品中的这条围巾，受到医用颈托的启发，采用加厚衬垫设计制作而成。

4. 贾尔斯（Giles）在其引人注目的2007秋/冬系列作品中，采用厚重的针织纱制作围巾，借此探索针织围巾的制作和使用中所受到的限制。

4

设计

围巾可能是制作过程最简单的配饰。围巾的类型是由其最终用途决定的。围巾的设计样式各不相同，从缠绕于颈部的宽度不等的长方形围巾，到用于遮盖头部的正方形围巾，种类繁多。表面积较大是围巾的主要优势之一。一条围巾可以包含许多不同的设计特点。一些有名的围巾作品中就包括了绣花、印花及特殊编织图案等诸多设计特点。披肩，是围巾的一个变种，18世纪传入欧洲，成为适于室内和户外使用的时髦配饰。披肩常常展示出独特的编织设计，包括多色涡纹图案。最大的披肩足以覆盖裙摆。

爱马仕拥有制作举世闻名的印花丝巾的悠久历史。每条爱马仕丝巾都是使用复杂工艺制作完成的作品。甚至在印花阶段，爱马仕丝巾的每一种颜色也会放置在干燥场所晾干长达一个月，直到每种颜色都牢固地附着之后，制作人员才会沿着边缘手工完成表面加工工作。

在你开始思考围巾设计时，必须首先确定最终的需求是什么。必须考虑佩戴者如何戴围巾，是将其缠绕在脖子上，戴在整个肩膀上，还是戴在头上。用天然纤维设计制作的围巾，一定是令佩戴者最舒服的围巾，其中用毛皮制作的围巾可能给佩戴者带来最温暖的感受。围巾设计中对质地和纹理的考量，可以兼顾美学和人体工程学的要求。采用粗犷的针织技术或衬垫可以加大围巾的体积；采用打褶或机织的蜂窝状结构合成织物，是将热量锁定在气袋内的有效方法。

领带只是绕在脖子上的一块布，这块布随后被系上或收拢，塞进另一种类型的服装之内。领带的早期样式可以追溯到17世纪，当时，克罗地亚人会经常佩戴一块布，称为"克罗特"（Croat），他们将这块布系在脖子上。法国人将单词"Croat"的发音误读为"Cravat"（即"围脖"的意思），译成英文就成为"领带"。因此，领带起源于（克罗地亚人佩戴）围巾（的传统），最终普及开来，成为整个欧洲和世界其他地区主要由男性佩戴的饰品。领带的类型包括流行的领带和领结，与人们在学校、军队或其他工作场所穿着的制服搭配使用。

5—8. 科尔（Coeur）将经典的领带和领结重新设计，采用带有梦幻意味的图案和富有想象力的色彩，搭配具有现代风格的曲纹，使之成为全套服装的完美补充。

领带

在20世纪，领带获得了巨大的人气，成为男人衣柜中的主打配饰。今天，领带也在一系列行业和部门内成为男性工作制服中通用的、不可或缺的组成部分。然而，确实可以说，几个世纪以来，领带的风格一直保持相对不变。领带通常不属于非正式配饰，往往关系到是否能为参加正式活动的佩戴者增添吸引力。

历史上最顶尖的领带种类随着用于制作领带织物的变化而变化，其中也包括织物的织造方式。例如，使用不同的材料，或使用某种织法（如提花、斜纹和缎纹面料）将徽章织入设计式样中，等等。由于领带的表面积较小，领带的设计图案可以或大胆或含蓄、或炫耀或谨慎，以展示佩戴者的个性风格。

例如，印花领带可以印制或严肃或滑稽的图案。在英国，斜纹领带的斜纹从佩戴者的左肩向右下方倾斜；在美国，斜纹倾斜的方向则是相反的。领带的宽度也在改变，以适应多年来不断变化的时尚潮流，从最宽的（如20世纪70年代流行的所谓的"雄鲑鱼式"领带）到宽度很窄（如英国20世纪60年代时髦的现代派人士改制的细领带）的样式，种类繁多。

领结

简单地说，领结是系成蝴蝶结的领带。领结被认为是男士正装中集大成之最精彩部分，而时尚潮流决定了任何给定时期占主导地位的领结的尺寸、颜色和图案。这一配饰与需要佩戴黑色或白色领结的重要场合有关，通常也不被视为商务着装的组件。领结被设计成两种类型，即手打领结和免打领结。无论是手打领结还是免打领结，都必须使用金属扣固定到位。

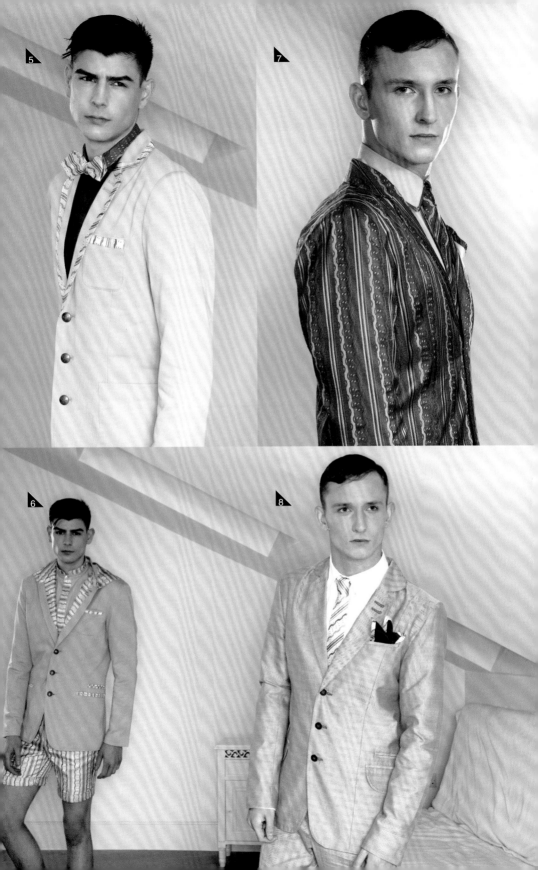

几个世纪以来，计时已经成为令许多人痴迷的事情。然而，初期手表的内部结构制作很复杂，需要耗费较高成本，这使手表成为仅适用于少数特权阶层的配饰。直到20世纪，手表才变得比较普及，成为普通百姓能够购买到的配饰。如今，手表种类繁多，从廉价手表到非常昂贵的、通常由瑞士工匠制作的品质上乘的精品手表，应有尽有。

9. 维维安·韦斯特伍德（Vivienne Westwood，英国时装设计师）在2012春/夏时装展中展示的两只与众不同的手表。这两只手表戴在同一只手腕上。

10—11. 几个世纪以来，手表已经成为具有复杂功能的、高度成熟的配饰。今天，正如这款白色高科技陶瓷香奈儿计时秒表（图10）所显示的那样，手表已经成为现代工程学顶尖技术成果的象征。

设计与制作

在人们开始设计制作第一批计时器的时候，时钟的尺寸就开始变小，并且最终变得小到可以戴在人手腕上的程度。机械手表原本拥有独特的滴答声和金属部件。然而，不断地磨损造成机械手表的计时变得越来越不准确。而带有宝石的手表的计时性能（采用的宝石包括蓝宝石和红宝石）则得到了极大的提升，尽管宝石的价格过于昂贵。

数字手表仅仅凭借手表内置的一个很小的电池，就能拥有计时功能。数字手表较为便宜，重量更轻。这些手表采用电路板帮助计时，只要电池的电量充足，就能非常准确地显示时间。制作石英手表所使用的水晶一直是用于制作时钟的功能组件。然而，经过多年的技术创新和改进之后，用石英制作的手表才变得普及起来。

内部装置和结构是在设计制作手表时面临的主要限制因素。当然，人们也必须同时仔细考虑手表的大小和重量，因为不同性别的客户要求也会不同。表盘的设计是最基本的部分，包括必要的显示时间的表盘，还可能使用其他的表盘显示其他指数，如秒、下潜深度等。一些稀有的手表在设计制作时使用了珍贵的宝石和品质上乘的金属。

手表表带将手表牢牢固定住。人们制造出许多类型的表带，包括金属表带和陶瓷表带。国外的皮革（如鲨鱼和鳄鱼皮革）通常用于制作定制和高端的腕部配饰，而塑料倾向于成为可以制作运动型手表的实用流行材料。

9

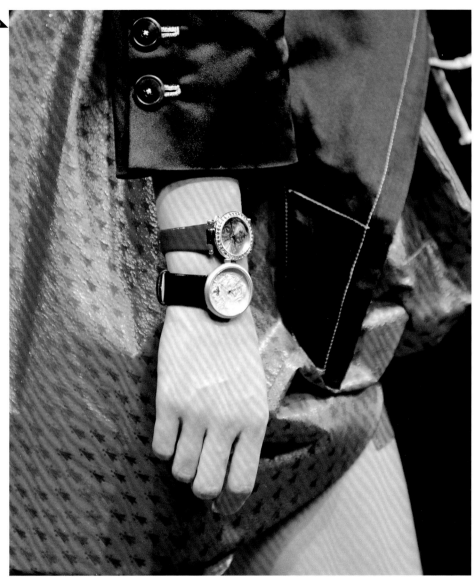

10

11

长久以来，腰带一直与人们必须完成的特定任务相关联。然而，已经出土的青铜器时代的精致腰带显示，这些腰带从来不只是纯粹的功能部件。

男女都可以并且也适合使用腰带。腰带是由条形材料制成的，主要设计目的是固定衣物。最流行的腰带类型由一个金属扣和带有几个孔眼的条形材料组成。系扎者可以调整皮带的孔眼位置，使之与腰围尺寸相吻合。通常使用腰带时，人们会将腰带穿过裤子、裙子和衣服上的带环，以此固定腰带的位置。腰带也可以系扎在衣服的外面，以勾勒身体的外观线条和轮廓。

腰带款式

饰带、布莱兹皮带（Brez）、塑形皮带、装饰性印度宽腰带、日本和服宽腰带、(女装或童装用的)腰部饰带、圣特罗佩兹（St. Tropez）皮带和网状腰带。

12—13. 男用腰带通常朴素无华，是功能性配饰中的无名英雄。科尔设计的这些配饰腰带可以很容易地与时尚服装搭配，不但没有对服装的大胆用色或衬衫的图案形成干扰，还发挥了实用配饰的主要效用。

设计与制作

今天，腰带已经成为时尚行业中极具个性色彩的配饰。因为强度和柔韧度符合要求，皮革已经成为腰带制作过程中所使用的最重要的材料。另外，天然材料和合成材料，如塑料、维纶和织物，也是腰带制作过程中常用的材料。

腰带的长度和宽度是腰带设计方案中起决定性作用的因素。较宽的腰带有较大的表面积，需要与腰部尺寸相吻合，所以必须根据身体的轮廓小心切割皮革。

腰带扣为设计师提供了使用配饰制造影响力或彰显个性的机会。通过调整腰带扣的外观设计，设计师也可以使腰带扣成为一个带有特殊功能的组件。许多设计师都利用腰带扣这一硬件来展示特殊标识和表面加工技术，如通过镶嵌宝石来制造表面装饰效果。但是，设计师在突出华丽的腰带扣及通过腰带扣展示设计特征的同时，还必须保证腰带能够具备重要的基本功能。无论腰带和腰带扣的外观设计如何，它们必须能够承受使用者在日常使用时施加的持续的压力和应力。

切割皮革时需要保证较高的精确度，由于较长的图样可能很容易在这个过程中被扭曲，因此需要倍加小心。必须小心地手工切割腰带，以免留下瑕疵，较小的皮革应使用模具冲压出来。起支持作用的部分应采用黏合或缝纫的方式（或兼用两者）接合到皮革上，以提高强度。然后使用打孔机每隔一定距离打一个孔。最后将腰带扣安装到位，以便固定腰带的位置。

使用织物制作腰带的方法与上述方法类似，但是需要同时使用厚重的支撑性材料，以确保材料的硬度符合要求，或使用厚重的机织带，确保材料能够承受使用时施加的压力。任何专门设计的功能（如装饰功能），必须在安装腰带硬件之前纳入图案样本中。务必仔细考虑，设计特征是否干扰腰带的使用功能，以及装饰物是否会随着时间的推移逐渐削弱材料的整体结构，因此影响到最终产品的质量或设计作品获得成功的可能性。

14. 一个发光的霓虹腰带与博柏利（Burberry）2011春/夏作品系列的个性化柔和色调形成鲜明对比。

手表 > 腰带 > 手套

　　手套既是时尚配饰，也是功能用品。手套为佩戴者提供温暖的感受。从历史上看，手套是上层社会和宫廷成员使用的重要配饰，也是许多行业需要使用的保护性用品，其用途是防止工人的双手因使用机械或从事劳务工作而受到潜在的损害。如今，体育用品市场还将手套视为主要的必备产品，因为手套能够提升运动员的抓握力量，并使运动员能够承受较大的冲击力。

15. 迪奥2011春/夏高级时装系列发布的经典黑色皮革长手套，将20世纪40年代的优雅格调与现代风格和滑稽意味混搭在一起。
16. 朗雯（Lanvin，法国时装品牌）（2011秋/冬）发布的及肘长皮革手套，带有闪闪发光的花卉贴花亮片。

15

16

设计与制作

许多世纪以来，妇女的手套都使用精致的面料和皮革制成。设计手套的目的旨在彰显女性的社会地位，限制妇女使用双手从事手工作业的机会。在19世纪和20世纪，使用手套作为社会地位象征的做法，已经不再具有此前人们崇尚的那种文化价值和内涵，这一变化在当时显得尤为引人瞩目。今天，手套的用途通常是保持双手温暖，或者作为重大社交场合使用的配饰。

设计手套，要求注重灵活性，因为双手是具有重要运动功能的部位。手套的长度、样式和厚度差别很大，从大而笨重的手套，到非常纤细的紧贴佩戴者手指的款式，种类千变万化。

开始思考手套设计之前，需要仔细考虑手套必须为佩戴者提供的保护感和安全感。手套的设计必须适应手和拳头的曲线，留有足够的空间和灵活度。手套靠近袖口边缘的宽度取决于设计师是否认为手套口的部分需要留有足够大的宽度，以包裹衣服袖口的边缘部分，或是否需要确保手套宽度足够窄，以便使衣服的袖口边缘部分能够将手套口的部分包裹在内。商业化大规模制作的男用手套一般都短到手腕或长及前臂的一半处。女用手套的长度有更多变化，特别是贴身的晚宴过肘长手套，包括出席午场演出活动时使用的手套（覆盖到手腕）、及肘长手套（覆盖肘部）或很长的歌剧手套（覆盖到上臂肱二头肌处）。

制作手套时，必须首先测量手关节最宽部分的尺寸，但不包括大拇指；还要测量从中指的指尖至手底部的尺寸，以此确定手的长度。

制作手套时，选择使用正确的材料是至关重要的。皮革是制作手套时使用的最流行的材料之一，因为皮革具有较高的强度和柔韧性。针织面料手套或那些用一整块面料制作的手套，最接近和贴合手部模型。

缝纫手套时需要格外小心，以免拉伸变形。制作手套时可采用两种主要缝制方法。采用内缝法将正面相对沿边缘缝制在一起，然后将内侧从里面翻出。这样可以让所有的缝份藏于内部，使手套外部不显露缝纫的痕迹。采用这种方法缝制的手套体积较大。为了减小体积，可以采用内包缝法（暗包缝），即将面料的一个毛边与另一个毛边重合，然后在靠近毛边处将两层面料缝合在一起。

选择正确的缝制方法，使缝制方法适合你使用的材料类型。皮革不易磨损，因此内包缝法最适合这种材料的特性；任何易磨损的织物都需要采用内缝法。之后，必须对所有其他的散口毛边（包括袖口部分）进行表面加工处理。最后，必须将成品手套放置在模具上进行熨烫。

可持续式设计

可持续式设计指一种设计制作配饰的流程和方式，使用这种流程或方式设计制作配饰对本地及全球的生态环境和社会环境造成的负面影响较小。使用废旧配饰和再生材料设计制作配饰，能够确定配饰使用周期的起始点和终端点。

目标和学习成果

目标是通过在生产流程之前、之中和之后使用相关行业的副产品或可再生能源来减少浪费。通过这种方式更聪明地设计开发配饰产品，未来会给本行业带来更清洁的环境。

设计任务

收集已经达到其使用寿命期限的配饰，使用这些旧的配饰进行创新设计。分解旧的配饰，并取出所有有用的组件，包括箱包和鞋履中的硬件、皮革和布料，女帽中的可重复使用的材料以及首饰中的金属和宝石。

清理材料中残留的脏污，对材料进行整修和翻新，然后从旧配饰的其余部件中汲取灵感。考虑你所用材料中包含的限制性因素。然后，设计一系列小配饰。使用前面介绍的制作技术，将纺织品或皮革材料组合在一起，以此创造新的面料。重复使用金属和宝石更是珠宝首饰设计制作过程中司空见惯的做法。采用在高温下重塑的金属或经过重新切割和抛光的宝石重新制作小配饰（如腰带和眼镜），会为配饰带来新的特点。

材料

采用对环境影响较小的材料生产制作配饰，如使用易分解、易分散处理的无毒的人造合成材料，或纯天然的非合成有机原料。这些材料不含有害农药、化学物质和激素。

设计

生产可重复使用或可回收的配饰，使你的产品具有闭合的设计、生产和使用周期，这将使产品更持久耐用，因此减少更换次数。

能源

利用较高能效的能源生产配饰，会对环境产生直接的积极影响。以更聪明的方式使用能源可以降低排放，而更好的设计则会导致配饰在使用时消耗的能源更少。

17—19. 科尔和艾玛·阿什福德（Emma Ashford）采用明快的色彩和图案设计制作的面料、领带和领结，成为开发可持续式产品设计的成功范例。

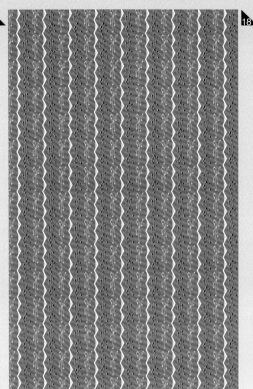

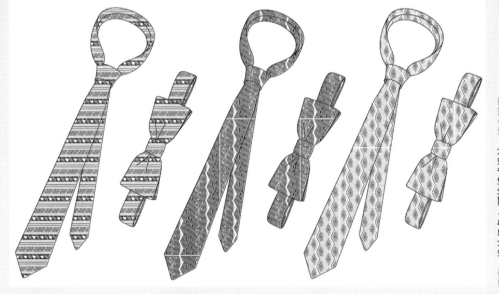

cœur

cœur & Emma Ashford Collaborative Project - Tie Designs

克莱尔·戈德史密斯（Claire Goldsmith）

世界上最先进和最具有标志性的太阳镜和眼镜是由一个具有悠久眼镜制作历史和巨大影响力的设计师家族制作的。该设计师家族的追捧者名单上赫然包含了皇室成员和一长串社会名流的姓名。克莱尔·戈德史密斯推出了最具创新意味和标志性的作品。凭借CG品牌眼镜，她牢固确立了新一代的眼镜设计风格，以此引领未来的风尚潮流。

克莱尔·戈德史密斯的成长史是怎样的？

设计师奥利弗·戈德史密斯（Oliver Goldsmith）的品牌（OG，创立于约1926年）是最具标志性的眼镜品牌之一，而我是奥利弗·戈德史密斯的曾孙女。2006年，我策划了奥利弗·戈德史密斯（OG）复古存档作品回归展示会，重新发布该品牌公司曾经推出的许多最具标志性的眼镜设计作品。这些设计作品跨越20世纪40年代至20世纪80年代的数十年时间。此次展示会的成功举办，证明了世界上制作精良的最具表现力的眼镜的价值，也证明将我本人的创作激情付诸行动是理所应当的。2009年，我推出了我自己的作品系列——CG：克莱尔·戈德史密斯。在和我一起工作的年轻而富有激情的设计团队的支持下，我们创意设计出全新的现代化眼镜系列，而我的处女作品系列首秀也得到了一个恰如其分的名称"传承"。

我觉得，所有的目光都集中在我身上，等着看我能否实实在在地设计、创新和制作出有我自己特点的新式镜架和风格，而不是仅仅停留在改造久经测试的、已经取得成功的奥利弗·戈德史密斯的存档作品的阶段。我认为要在这个行业中得到尊重，你需要提出新的思路，推动创新，而不只是回头看过去的作品和设计。你需要证明你能够创意制作新作品，而不仅仅是改造旧作品。

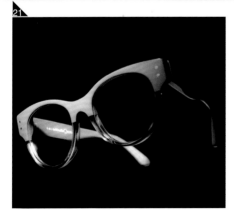

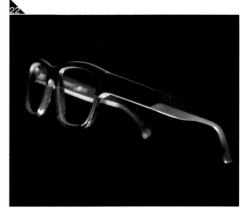

您的灵感来源于哪里？

我敢肯定，所有人都显而易见地知道这个问题的答案。我的灵感来源于我的家庭、我的家学渊源——我非常幸运能拥有这样一个涵盖内容广泛而丰富的、能够启迪灵感的设计资料背景目录——事实上是满满一个阁楼的资料！即使如此，给我带来最多灵感的还是人本身。旅行时，我沿着街道行走——在我所到之处，我都会看他人戴什么眼镜，看他们戴的眼镜哪些部分效果好，哪些部分效果不太满意。我观察人们的脸部轮廓，看镜架是不是适合佩戴者的脸型。此外，其他设计产品的角度和线条也具有启发意义。一件家具赋予眼镜设计师的灵感，可能与人的脸部角度给设计师带来的启迪一样多。

克莱尔·戈德史密斯公司的作品设计过程是什么样的？

我想强调，伟大的品牌通过出色的设计和较高的制作品质与受众进行沟通。因此，我的系列作品中没有任何稀奇古怪的标志或装饰。相反，镜架的造型和具有特殊定义的线条只是"CG：传承"这一系列的标志性风格。我倾向于在我所有的作品系列中尽量保持平衡，以便提供适合于每个人眼睛的眼镜造型——圆圆的镜框、椭圆形的镜框、方形的镜框，等等。

我喜欢平衡，因此也尽量保证在作品系列中对男性和女性给予同等程度的重视。我和这里的团队已经拥有五年的眼镜制作经历。我们开发出精湛的生产工艺，拥有深厚的设计理念，共同致力于制作世界上最好的眼镜，我们的激情深邃而历久弥新。"CG：传承"系列是不同于目前市场上任何产品的系列作品，而这仅仅是个开始，我们希望自己的品牌在未来几十年里成为一个有影响力的、有意义的品牌。

您是如何编制调色板色彩组合的？

我们与意大利醋酯纤维制品专家玛苏切利（Mazzucchelli）展开合作。玛苏切利生产了世界上强度最高、最美丽的醋酯纤维。我和设计团队坐在一起，开始在所有的数百个颜色选项中选择色位。黑色和深色玳瑁镜架是始终深受欢迎的经典款式，并且通常每款都有这两种颜色的镜架可供选择。关于新的色位，我们和大多数设计师一样，受到潮流、时尚、艺术与我们自己的灵感和本能的启发。我也喜欢尝试制作我们特有的醋酯纤维组合制品，使用材料层压叠合技术，打造我们品牌专属的全新色彩组合。

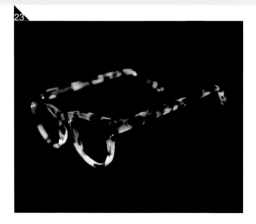

23

24

克莱尔·戈德史密斯（Claire Goldsmith）

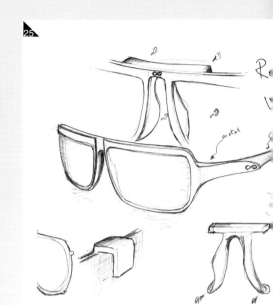

为什么将资料归档很重要？

每年两次，我们深入钻研复古设计作品档案与旧作品设计记事本和草图，从中寻找可以用于制作拟推出的OG太阳镜架的资料。因为我们知道，我们能够在资料档案中找到风格精美、错落有致的镜架，这一点给我们带来无与伦比的信心。OG太阳眼镜系列作品的推出为我们提供了一个很好的机会，使我们得以弘扬我们的历史传承，得以向这一代人重新介绍这些令人感到不可思议的镜架。

我将OG眼镜品牌视为我自己的CG眼镜品牌的母品牌。CG眼镜品牌具有现代、创新和冒险的风格，同时仍然承袭了OG眼镜品牌的深度和知识。OG品牌侧重于回顾和传承过去牢固确立的风格，就像一盏风尚的指路明灯，但是它不代表未来潮流，也不可能代表未来潮流。未来潮流必须由新一代的企业来承载。我们极其希望克莱尔·戈德史密斯能够在未来的几十年中成为戈德史密斯家族具有代表性的眼镜品牌名称。

您如何设计制作系列作品？

相比于其他品牌，我们仍然是一个小公司。相对而言，我们的品牌也令大众感到陌生——这是一个广阔的世界。我们正在缓慢而稳步地构筑我们的产品系列——我们一年中也许只开发最多十个风格款式。目前我们的产品系列中大约有30个风尚款式，而大众市场品牌通常可能有超过100个风尚款式。这使得我们可以有时间精工细作我们设计的每一副镜架。

我们为系列作品设立了一个主题，为此，我们使用波状轮廓作为表达主题理念的工具——这一点贯穿于每一副CG眼镜架的设计理念之中。所以，虽然眼镜架各不相同，但是镜架的整体外形和美丽的斜角是CG眼镜架独有的设计。我倾向于尝试并专注于传统的设计原则，但是，我希望

可以通过采用上述做法（即使用波状轮廓作为主题设计元素）突破古典设计的界限，创造一些非常特殊的眼镜样式。

为什么在英国制造眼镜架很重要？

在英国制造眼镜架非常重要，其原因是多方面的。首先，这样做有历史意义。我们的品牌是一个英国的品牌，最初用于制作眼镜架的一切材料都在英国制造。遗憾的是，没有办法在英国以我们需要的规模制造和生产我们的成品系列。但是，这正是我们在这里生产我们的定制系列产品的原因——这让我们能够支持这个国家的一个曾经一枝独秀、目前亟待挽救的艺术和技艺门类。然而，现在只有少数非常有才华的人能够使这些技能和技巧保有活力。令我们感到非常自豪的是，我们能够把我们的品牌放置于这些才华横溢的人们手中。

26

21—24. 克莱尔·戈德史密斯运用对比手法，将传统和当代风格的影响巧妙地融入她的镜架设计之中。
25—26. 深化设计图表明，设计师对镜架使用的每个组件都进行了慎重考虑——这代表了一种兼顾产品功能和样式的设计风格。

您能从定制作品中学到什么？

这些年来，我们一直跟踪研究奥利弗·戈德史密斯使用过的同样类型的、经过实践的成功技术。所有眼镜看起来可能很相像，但是，其特殊的制作方式却能带来差异。我们能学到什么？我们增进了对人的了解——他们喜欢什么，他们想要从产品中得到什么。我们还学到了制作这些定制镜架的艺术家所展示出的耐心和卓越技艺。大规模的机械生产永远不能复制依靠个人的技能和灵感设计制作出来的东西。

在从事合作项目工作时，是什么给您带来最多灵感？

只有当合作项目与一个品牌发生关联时，或者当我们相信合作项目是有价值的项目时，我们才会投入其中——所以，基本上是我们的合作伙伴给我们带来启发和灵感。我们必须信奉并共享他们的目标，在这一点得到确定的基础上，我们可以推进设计进程。

为什么眼镜和太阳镜是重要的时尚配饰？

这个问题的答案很简单。眼镜和太阳镜戴在你的脸上，成为你身体上的最突出的特点——日复一日，这个特点大家都看得见——如果一副镜架并不能充分展现你的个性和风格，为什么你要考虑戴着这个镜架呢？眼镜不需要跟随潮流，时尚可以很轻浮，也可以变化得很快。但是，已经有这么多的令人称奇的眼镜品牌放在那里，已经制作出如此令人兴致盎然的镜架，我保证任何一个人总能够从中找到一副适合自己的镜架。

克里斯蒂娜·布罗迪（Christina Brodie）

27–31. 克里斯蒂娜·布罗迪设计的手
套，其灵感受到多种设计风格的影响。
每副手套都将颜色和图案以令人愉悦的
方式进行组合，讲述了设计师本人的感
受、情绪及所经历的感情故事。

28

克里斯蒂娜·布罗迪最先是学习园林
和景观设计，然后又修读了艺术设计和纺
织品专业。她设计开发的手套具有独特的
标志性风格。她为设计工作投入了巨大精
力，协调各种创意，以此展示和证明她在
定制手套的设计和制作领域取得的众多成
就。

您是如何开始您的研究工作的？

我开始研究时，实际上就会在头脑中
确定一个明确的图像，以此设定最终产品
的外观。然后我选择图像、材料和方法，
用以制作最终产品。我很少凭运气偶然设
想出最终产品的外观。我总是从一开始就
有非常强烈的想法，知道我想要什么样的
东西。产品的复杂性、大小及设计项目的
要求各不相同。据此，我可能会决定做大
量的研究，也可能会决定几乎不做研究。

您的灵感来源于哪里？

我的灵感来源于任何东西，来源于
我身边的一切——故事、电影、音乐、自
然和哲学。我所经历的那些感受、情绪和
情感会转化成强烈的、具有推动力和丰富
内涵的创意以及将这种创意付诸实践的冲
动。我不一定需要对主题题材进行绘图记
录，以备参考。我会在头脑中深刻记忆主
题题材的图像特点，除非主题对象特别复
杂，其视觉图像难以把握，我才可能需要
绘制草图或照片备份，以加深我头脑中的
印象。我爱好音乐，在制作音乐时，我也
采取同样的做法。我能够在头脑中深刻记
忆自己所听到的声音的品质。

您的设计过程是怎样的？

有时，我的设计过程非常简单。我
可能会做一个非常粗略的、微小的缩略
草图。据此我能设计制作产品或物件，
并且我通常可以出奇准确地根据缩略草
图复制比例——这往往是当我设计制作
更具个人意味的艺术品的时候。

在其他时候，我可能需要做大量的研究，我的情绪板和研究文件中也会充满各种图像资料和纺织材料。例如，在与客户的讨论中，我可能会制作一系列非常详细的草图，并且从中选出一个图样作为最终模型。

相比其他服装而言，确定手套是否合适，更大程度上必须基于亲身感受。其原因一个是手套体积小，另外是手的模型和大小各不相同。手套的贴合度在很大程度上受到你所选择面料的影响。例如，即使在单片皮革的不同部位，面料的伸展度也是各不相同的。因此，在设计过程中制作原始模型之前，必须制作大量的布样并进行最终面料的外观测试。

您如何采购材料?

我并不进行大规模生产，而是制作一次性单件作品或生产小批量产品。我不会大量购买材料，而是愿意从面向设计师/小批量产品制造商的供应商手里采购材料和零部件。我采用邮购方式或通过零售网点购买材料。

为我提供材料的这些公司往往本身就是小企业，我们通过这种方式互相支持，

这是件好事。开展这种小规模的业务，从环境保护的角度来说，也是健康的运营方式。在项目结束时难免总会遗留多余的材料，我保留这些材料，将其用于其他项目。我敏锐地意识到存在浪费材料的可能性，因此尽量避免出现这种问题。

为什么手套又变成一种越来越流行的时尚配饰?

我觉得，在过去的20年里，人们对时尚配饰所有样式的兴趣都在大幅提升。我也认为"时尚设计是一门艺术"的概念对这股热潮的兴起起到了推波助澜的作用。女帽无疑一马当先，发挥了引领作用。女帽设计师，如斯蒂芬·琼斯和菲利普·特里西都已经成为超级明星。在这样的背景下，手套没有任何理由不紧跟潮流!

展示手套也可以是一个推广设计师品牌的很好办法〔如得到女神雷迪·嘎嘎等艺人的认可〕。在传统设计师设计的服装价格中，手套的价格仅占较小比例。

阿尔布里奇奥, A.（Albrizio, A.）
和勒斯蒂格, O.（Lustig, O.）（1999）
《经典女帽技巧：当今帽子制作与设计的完全指南》（Classic Millinery Techniques:A Complte Guide to Making and Designing Today's Hats）
阿什维尔（Asheville）：拉科出版公司（Lark）
艾伦, C.（Allen, C.）（2001）
《手包：拥有和携带》
（The Handbag: To Have and to Hold）
伦敦：卡尔顿出版公司（Carlton）
伯奇，M.（Burch, M.）（2002）
《剥皮和制革终极指南：关于皮货、毛皮和皮革加工的完全指南》
（The Ultimate Guide to Skinning and Tanning: A Complete Guide to Working with Pelts, Fur）
康涅狄格州：里昂出版社（The Lyons Press）
库尔德里奇，A.（Couldridge, A.）
和帕里，克鲁克，C.（Parry Crooke, C.）（1980）
《帽子画册》（The Hat Book）
伦敦：巴茨福德出版公司（Batsford）
杰瓦尔，O.（Gerval, O.）（2009）《时尚配饰》
（Fashion Accessories）
伦敦：A.&C.布莱克出版公司（A.&C.Black）
格林利斯，K.（Greenlees, K.）（2005）
《为刺绣工和纺织艺术家绘制草图》
（Creating Stetchbooks for Embroiderers and Textile Artists）
伦敦：巴茨福德出版公司（Batsford）
约翰逊，A.（Johnson, A.）（2002）
《手袋：手提包的影响力》
（Handbags: The Power of the Purse）
纽约：沃克曼出版公司（Workman Publishing）
麦格雷，S.（Macrae, S.）（2001）《设计和制作珠宝首饰》
（Designing and Making Jewellery）
马尔堡（Marlborough）：克洛伍德出版公司
（Crowood）
麦克道尔，C.（McDowell, C.）（1992）
《帽子：现状、风格和魅力》
（Hats: Status, Style and Glamour）
伦敦：泰晤士和哈德逊出版公司（Thames and Hudson）
麦克道尔，C.（McDowell, C.）（2003）
《莫诺罗·博拉尼克》（Manolo Blahnik）
凤凰城（Phoenix）：威登费尔德和尼科尔森出版社（Wiedenfeld Nicholson）
麦克拉思，J.（McGrath, J.）（2010）
《首饰制作技术的新百科全书》
（The New Encyclopedia of Jewellery Making Techniques）
肯特（Kent）：搜索新闻出版有限公司（Search Press Ltd）

奥哈拉·卡伦，G.（O'Hara Callan, G.）
（1998）
《泰晤士和哈德逊出版公司时装与时装设计师词典》
（The Thames & Hudson Dictionary of Fashion and Fashion Designers）
伦敦：泰晤士和哈德逊出版公司
奥基夫，L.（O'Keefe, L.）（1996）
《鞋：浅口鞋、凉鞋、拖鞋及更多鞋类的礼赞》
（Shoes: A Celebration of Pumps, Sandals, Slippers and More）
纽约：沃克曼出版公司（Workman Publishing）
施维布克，P.（Schwebke, P.）和克朗，M.
（Krohn, M.）（1970）
《如何缝制皮革、绒面革、毛皮》
（How to Sew Leather, Suede, Fur）
伦敦：西蒙与舒斯特公司（Simon & Schuster Inc）
泰恩，L.（Tain, L.）（2010）
《时装设计师作品组合简报：第3版》
（Portfolio Presentation for Fashion Designers: 3rd Edition）
纽约：费尔查德出版社（Fairchild）
塔伦，K.（Tallon, K.）（2008）
《数码时尚插图》（Digital Fashion Illustration）
伦敦：巴茨福德出版公司（Batsford）
察鲁普，A.（Thaarup, A.）和沙科尔，D.
（Shackell, D.）（1957）
《如何制作帽子》（How to Make a Hat）
伦敦：卡塞尔出版社（Cassell）
托尔托拉，P.（Tortora, P.）（2003）
《费尔查德时尚配饰百科全书》
（The Fairchild Encyclopedia of Fashion Accessories）
纽约：费尔查德出版社（Fairchild）
威斯，L.（Vass, L.）和莫尔纳，M.（Molnár, M.）（2006）
《男式鞋的手工制作》
（Handmade Shoes for Men）
科隆：可纳曼出版社（Könemann）
沃伦，G.（Warren, G.）（1987）
《时尚配饰：从1500年起至今》
（Fashion Accessories: Since 1500）
伦敦：昂温海曼出版社（Unwin Hyman）
威尔考克斯, C.（Wilcox, C.）（2008）
《箱包》（Bags）
伦敦：V&A出版社
沃辛顿，C.（Worthington, C.）（1996）《配饰》
（Accessories）
伦敦：泰晤士和哈德逊出版公司（Thames and Hudson）

合金（Allog）

金属混合物，加强每件金属的质地，使之更为坚固。

基础金属（Base Metal）

非贵重金属，如铜和铁。

定制产品（Bespoke）

按订单生产的配饰。

倾斜（Bias）

机织物经线45°倾斜

生物技术

（Biotechnology）

使用生物和生物加工流程制造产品。

瑕疵（Blemish）

皮革上的标记、色斑、瑕疵或缺陷。

模型（Block）

配饰的基础样本，是构成许多其他风格样式的基础和渊源。

副产品（By-product）

制造配饰时附带产生的而不是特意设计制造的产品。

帆布（Canvas）

较硬挺的面料，用于为较软材料提供基础性支持或增加较软材料的重量。

铸型（Cast）

使用模具铸造配饰。

经典（Classic）

配饰风格不受时间推移的影响，一直受到热捧。

补鞋匠（Cobbler）

修鞋的工匠而不是设计制作鞋履的工匠。

色彩设计（Colourways）

给定印花设计图案的几种不同的组合色彩之一。

商业化产品

（Commercial）

大规模生产的配饰。

组件（Components）

构成加工配饰的功能性图样和装饰性特征的独立部分。

细带（Cord）

一种类型各种宽度的系物带，用于发挥修饰或装饰作用。

冲模（Die）

采用金属制作的模具在皮革或多层织物上冲压图案。

染剂（Dyes）

用于生产配饰之前或之后添加颜色材料的合成或天然化学物质。

装饰（Embellishment）

将装饰性功能纳入材料设计或分层裁剪中。

浮雕图案（Emboss）

在材料两面压印凹凸图案。

时尚（Fashion）

季节性很强的配饰设计，通常是不再重复的一次性设计。

表面加工（Finish）

特定技术类型，包括缝纫、饰边和表面整理技术，用于制作配饰成品。

焊剂（Flux）

一种物质与固体混合，以降低其熔点，常用于焊接和钎焊金属或提升玻璃或陶瓷的透明度。

样式模具（Form）

采用织物、金属或其他材料制成的模型。

镀金（Gild）

在物件或配饰表面附着一层薄薄的黄金

三角形区域（Gores）

将三角形衬垫缝制在一起，形成拼接样式的帽冠。

纹理（Grain）

机织物的纵向和横向纹理的方向。

手感（Handle）

物品经整理过的触感，尤其是纺织品的手感。一些面料（如丝绸）比其他面料（如羊毛）具有更柔软的手感。

硬件（Hardware）

主要固体功能组件，如箱包的框架和紧固件。

帽楦（Hat-block）

在帽子设计阶段用于塑造结构的传统工具，通常使用木材或聚苯乙烯制成。

仿制品（Imitation）

配饰、图像、纹理或表面风格的复制品。

夹杂物（Inclusions）

大多数宝石（包括钻石）都含有以各种形式存在的夹杂物或外部和内部的缺陷。夹杂物也根据其形成的方式分为多种类型。

接口衬布（Interfacing）

用于支持各种材料的机织物、针织物或毡布。

珠宝设计师（Jeweller）

设计制作珠宝首饰的人。

鞋楦（Last）

一个体现特定鞋型、样式和大小的木质模型。

皮革（Leather）

动物的皮去毛后经过鞣制或采用类似方法制成的熟皮

使用周期（Life cycle）

按照设计要求，配饰能够持续使用的时间。

衬里（Lining）

配饰内部的一块软质织物用以保持配饰内部表面整洁，隐藏制作痕迹。

双线连锁缝纫法（Lockstitch）

采用最流行的两股线直线互锁的针法，用以加固多层材料。

延展性（Malleable）

金属经轧压或锤击而不破裂的性能。

女帽设计师（Milliner）

设计有檐帽和无檐帽的人。

天然纤维（Natural）

采用植物、蛋白或活的生物体制造的纤维。

图样（Pattern）

显示配饰特定区域设计图样的纸模板，带有标记，详细注明切割、放置和制作要求。

酸洗液（Pickle）

制作期间和之后用于清洗金属表面污渍和色斑的酸性溶液。

表面抛光（Polish）

提高金属的表面光泽度。

印花（Print）

指几种印花技术的方法，包括滚筒印花、丝网印花和数码印花，用于织物和皮革上印制特定的设计图样。

生产（Production）

在完成包括设计和样本原型制作在内的所有设计阶段之后，配饰的制造和生产过程。

样本原型（Prototype）

一种模型或样品，用于检查配饰的比例、造型和大小是否符合要求，以便在最终生产前纠正设计错误。

出处/来源（Provenance）

物品原产地或已知最早的历史。

快速原型样本设计（Rapid Prototyping）

指一组三维计算机辅助设计（CAD）技术，用于快速制作实物组件或装配物件的比例模型。

回收利用（Recycling）

使用有用的剩余材料或成品配饰内的有用材料，制作其他产品的过程。

残余物（Residue）

需要从配饰成品中清理出来的、在生产过程中遗留的化学品、材料或污垢。

比例（Scale）

配饰按比例计算的刻度尺寸。

样式（Shape）

配饰的式样廓型。

西纳梅麻布（Sinamay）

一种采用菲律宾植物（芭蕉青皮）制成的秸秆/天然纤维，通常经过印染与硬化加工后用于制作帽子和网眼毛披巾。

可持续式设计（Sustainable）

制作配饰同时避免耗竭自然资源的能力。

合成纤维材料（Synthetic）

采用人造纤维、组件或织物制成的材料。

回火（Tempering）

一种工艺流程，在加热的过程中软化金属以降低冷金属的脆性。

肌理（Texture）

三维表面的粗糙度或平滑度特征。

布样本（Toiles）

使用廉价材料制成的成品服装的早期样本，在此基础上设计师可以对设计图样进行测试和完善。

修饰（Trim）

配饰的表面和边缘装饰或功能性紧固件。

升级回收（Upcycling）

重复使用废旧配件，对废旧配件进行翻新改造，使之成为可用的产品。

经纱和纬纱（Warp and Weft）

经纱和纬纱是所有纺织品的基本组成部分。在织造过程中，经纱指配置在织机上的纤维，其他纤维（纬纱）从其下穿过，织成整片织物。

商店和供应商

皮革（Leather）
AW米奇利父子公司(A. W. Midgley&Sons)
www.awmidgley.co.uk

珠宝组件、金属和宝石
（Jewellery components, metals and stones）
库克森金属公司（Cookson Gold）
www.cooksongold.com

箱包组件（Parts for bags）
马具供应商考克斯公司
（Cox The Saddler）
www.saddler.co.uk

设计和用品专业机构
（Art and design supplies specialists）
弗雷德·奥尔德斯有限公司
（Fred Aldous Ltd.）
www.fredaldous.co.uk

合成皮革（Synthetic leather）
IPEL SRL皮革公司
（IPEL SRL）
www.ipelsrl.it

工业缝纫、裁剪、熨烫及熔合机械
（Industry sewing, cutting, pressing and fusing machines）
J. 布莱斯维特有限公司
（J. Braithwaite& Co. Ltd.）
www.sewingmachinery.com

织物及缝纫用品
（Fabric and haberdashery）
约翰·路易斯百货商店
（John Lewis）
www.johnlewis.com

克莱恩斯缝纫用品公司
（Kleins）
www.kleins.co.uk

激光裁剪专业机构
（Laser-cutting specialists）
激光切割服务公司
（Laser Cutting Services）
www.lasercutit.co.uk

装饰性辅料、材料、缝纫用品和小件日用品店
（Trimmings, materials, haberdashery and notions）
（Mac Culloch & Wallis）
www.macculloch-wallis.co.uk

图样切割和演示设备
（Pattern cutting and presentation equipment）
摩普兰公司（Morplan）
www.morplan.com

皮革（Leather）
匹他兹皮革公司（Pittards）
www.pittardsleather.co.uk

丝绸（Silk）
丝绸公司
（Pongees）
www.pongees.co.uk

毛皮（Fur）
北欧世家皮草
（Saga Furs）
www.ffs.fi

织物（Fabric）
威利斯 布拉德福德有限公司
［Whaleys (Bradford) Ltd.］
www.whaleys-bradford.ltd.uk

贸易展览 Trade shows

全球采购交易会：
时尚配饰展
（Global Sourcing Fair: Fashion Accessories）
www.globalsources.com
伦敦时装周（London Fashion Week）
www.londonfashionweek.co.uk
法国第一视觉面料展
（Première Vision）
www.premierevision.com
伦敦国际女装展（Pure London）
www.purelondon.com
英国伯明翰春季博览会
（Spring Fair International）
www.springfair.com

潮流趋势预测机构
（Trend forecasting）
睦德派趋势预测机构
（Mudpie）
www.mudpie.co.uk

法国时尚资讯公司
（Promostyl）
www.promostyl.com
未来实验室
（The Future Laboratory）
www.thefuturelaboratory.com
潮流驿站（Trend Stop）
www.trendstop.com
沃诗全球时装网（WGSN）
www.wgsn.com

报章杂志（Magazines）

10
《布鲁姆》（Bloom）
《配饰特写》
（Close-Up Accessories）
《系列配饰》
（Collezioni Accessori）
《世界时装之苑》（Elle）
《时尚芭莎》
（Harper's Bazaar）
i-D网站
《时装》（L'Officiel）
《爱》（Love）
《外观》（Surface）
《国际纺织品流行趋势》
（Textile View）
《时尚》（Vogue）
《女性时装日报》
（Women's Wear Daily）

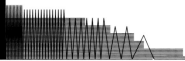

　　本书包含了所有耐心回答笔者提问、为笔者提供咨询意见及个人作品的诸位设计师投入的巨大时间成本、付出的巨大努力以及贡献的诸多技能和知识。

　　在此，我首先对理查德·克雷格（Richard Craig）致以最衷心的感谢，表达我全部的钦佩之情。理查德·克雷格为我提供了所有支持，他每天为我处理的事情不计其数，实实在在地为我的工作提供了极大的方便。最重要的是，他总是能让我开怀大笑。谢谢。

　　我必须特别感谢我的朋友乔治娜·马丁（Georgina Martin）。她是一位才华横溢的设计师，她对我的许多项目和想法提供了始终如一的支持。

　　我由衷地感谢科莱特·米奇尔（Colette Meacher）编辑。感谢你对本书的写作和编辑工作提供的耐心指导。

　　我也必须对杰出的设计师李·玛特科斯（Lee Mattocks）表示额外的特别感谢。他在本书写作的整个过程中为我提供帮助，他提供的资金和人脉令我受益匪浅，对此我感激不尽。感谢所有的出资人——彼得·俊·豪·曾（Peter Jeun Ho Tsang）、艾琳·梅林（Elin Melin）、哈蒂·希格内尔（Hattie Hignell）、乔迪·帕奇蒙特（Jody Parchment）、凯特·玛尔科斯（Kat Marks）、希瑟·史戴博（Heather Stable）、玛丽亚·艾诗（Maria Eisl）、卡罗琳·赫兹（Caroline Herz）、卡莉·莱格（Carly Wraeg）和尼克·马丁（Nick Martin）。

　　感谢所有耗费时间为本书提供宝贵意见和稿件的设计师。他们是：乔治娜·马丁、菲利普·特里西（Philip Treacy）、斯科特·威尔逊（Scott Wilson）、斯蒂芬·琼斯（Stephen Jones）、西尔瓦诺·阿诺尔多（Silvano Arnoldo）、玛希米莲诺·巴蒂斯（Massimiliano Battois）、贝娅特丽克丝·王（Beatrix Ong）、比尔·安姆博格（Bill Amberg）、玛罗斯·谭博玛尔（Marloes ten Bhömer）、米歇尔·罗伊-赫尔德（Michelle Lowe-Holder）、贾斯汀·史密斯先生（Justin Smith）、克莱尔·戈德史密斯（Claire Goldsmith）和克里斯蒂娜·布罗迪（Christina Brodie）。

　　感谢我的时尚顾问们，他们一直是给我最大影响的人物。他们是：拉克希米·贝斯福德（Lakshmi Basford）、珍妮特·陈（Janet Chan）、埃利蒂斯·陈（Elytis Chan）、罗林·约翰逊（Lorraine Johnson）、阿什文·约翰逊（Ashwin Johnson）、亚历山大·金·陈（Alexander King Chen）和卡罗尔·陈（Carol Chan）。

　　谢谢我在曼彻斯特城市大学的所有同事，他们为我提供了专业知识和建议，特别是：克莱尔·麦克特克（Clare McTurk）、塔斯尼姆·萨比尔（Tasneem Sabir）、海伦·罗（Helen Rowe）和柯林·伦弗鲁（Colin Renfrew）。

　　最后，感谢我的家人——我的父亲、母亲、姐妹、兄弟、侄子和侄女——谢谢你们对我的"伟大"创意所给予的无穷无尽的支持。